岷江上游生态足迹分析与人居环境优化研究

赵 兵 著

科学出版社
北 京

内 容 简 介

本书以生态足迹理论为研究基础，通过生态足迹核算方法对岷江上游干旱河谷区域进行核算和分析，开展有关生态足迹计算模型的构建及其模型修正研究，在全面论述该干旱河谷区生态经济可持续发展基础上，确立该区域的森林牧草、水域湿地、农田作物等生态屏障建设重点内容，提出由生态产业、生态林业和生态人居三大主体构建岷江上游生态屏障的支撑体系，对水资源节约与集约利用、生态补偿和制度保障等生态屏障的保障要素进行分析。通过分析把握岷江上游区域生态系统的空间特征、生态敏感性和生态功能性基底，提出有效维护该区域生态经济和资源环境保护的绿色发展道路。最后还选取在岷江上游地区具有典型性和代表性的黑水县开展生态足迹核算和分析。

本书可作为资源环境、生态学、城乡规划学、产业经济学、水资源管理等学科研究者及高校相关专业师生的参考用书，也可以作为环境保护部门、城乡规划管理部门、经济管理部门、水利部门、林业部门的管理者和决策者以及相关领域研究人员的参考用书。

图书在版编目（CIP）数据

岷江上游生态足迹分析与人居环境优化研究 / 赵兵著. —北京：科学出版社，2018.8

ISBN 978-7-03-057655-2

Ⅰ.①岷…　Ⅱ.①赵…　Ⅲ.①岷江－上游河段－居住环境－研究　Ⅳ.①X21

中国版本图书馆 CIP 数据核字（2018）第 121655 号

责任编辑：郑述方/责任校对：韩雨舟
责任印制：罗　科/封面设计：墨创文化

科学出版社 出版
北京东黄城根北街 16 号
邮政编码：100717
http://www.sciencep.com

成都锦瑞印刷有限责任公司印刷
科学出版社发行　各地新华书店经销

*

2018 年 8 月第　一　版　开本：B5（720×1000）
2018 年 8 月第一次印刷　印张：12.5
字数：260 千字

定价：100.00 元

（如有印装质量问题，我社负责调换）

序

近日，习近平总书记在深入推动长江经济带发展座谈会上的重要讲话中指出，必须从中华民族长远利益考虑，把修复长江生态环境摆在压倒性位置，共抓大保护、不搞大开发，努力把长江经济带建设成为生态更优美、交通更顺畅、经济更协调、市场更统一、机制更科学的黄金经济带，探索出一条生态优先、绿色发展的新路子。这为今后长江经济带发展，正确把握生态环境保护和经济发展的关系指明了方向，有助于更好保护中华民族母亲河。

岷江是长江重要的支流之一，就水量而言，是长江上游最大的支流。岷江上游地区位于青藏高原东缘的高山峡谷地带，既是长江上游生态屏障的重要组成部分，又是成都平原的重要水源生命线。这里还是著名的旅游资源和人文历史景观富集的黄金生态旅游走廊，同时也是汶川大地震的极重灾区和由羌族与藏族为主体的民族地区。对任何一条大江大河来说，只有上游地区成为生态屏障，整个流域的人居环境和生态安全才能得到保障。因此，岷江上游流域地区的人居环境和生态安全研究应当放在重要地位和突出位置。

开展山地人居环境科学理论与实践体系的研究，对我国实施新型城镇化发展战略具有重要的地位和作用。本人在《山地人居环境七论》中的流域生态论中明确提出："流域是承载山地人居环境的典型自然单元，流域生态特征直接影响着山地人居环境建设，而山地人居环境也是流域不可缺少的生态组成部分，它对流域生态变化的影响日益增大，甚至直接影响着流域生态的平衡与发展。流域聚居是人类生存与发展的基本方式，同时具有'空间维度''环境维度''时间维度'三个维度的影响作用，山地流域与山地人居环境建设息息相关"。因此，从生态足迹分析角度，研究流域人居环境优化问题无疑具有一定的创新性和探索性。

西南民族大学城市规划与建筑学院赵兵教授在所主持完成的国家级及省部级等多个纵、横向课题基础上，经过十多年的实地踏勘、调查分析、团队合作，并与重庆大学等知名高校和科研院所联合开展技术攻关，较为系统地开展了西南民族地区所在的流域生态和城镇建设相关研究，提出了一些具有实用性和可操作性的模型计算方法、评价方法以及新的研究思路等，该书就是对这些研究成果的一些总结和思考。该书在一定程度上丰富了生态足迹的理论研究，拓展了生态足迹的应用领域；开展了岷江上游生态屏障体系的分析探索，提出了生态屏障建设的重点方向；结合岷江上游流域生态经济体系的构建，尝试提出岷江上游流域生态产业发展的方向；从特定的角度弥补了岷江上游生态足迹研究的欠缺与不足，探索了岷江上游流域人居环境优化与流域生态屏障建设的关联机制。

该书的出版，将有助于山地人居环境科学在岷江上游流域这一特定研究区域的实践和探索，有助于岷江上游流域生态环境的修复和流域水资源的保养，有助于为岷江上游流域生态经济可持续发展和人居环境优化建设提供有效的管理保障，对岷江上游地区的社会经济、资源环境和城镇建设协调发展具有一定的促进作用。本书的出版也为我国其他生态脆弱区和江河源头区的生态足迹分析和人居环境优化建设研究提供了可以借鉴的参考。

谨以此作序！

（赵万民）

重庆大学建筑城规学院教授、博士生导师

2018年5月

前　言

岷江上游地区属干旱河谷区域，大部分区域空气干燥，气温较低，多晴少雨，具有山地立体型气候特征。岷江上游干旱河谷区生态地位极其重要，这里既是世界遗产及国家著名风景区所在区域，还是经济发展相对滞后的少数民族贫困山区，也是成都平原的重要生态屏障和水源生命线，更是长江上游生态屏障的重要组成部分。岷江上游地区属于自然资源禀赋丰厚、生态地位特别重要、社会稳定引人关注、人文历史相当悠久、流域影响特别深远的河谷区域。按照十九大报告要求，在这样的特殊区域全面贯彻新的发展理念，即创新、协调、绿色、共享、开放等五大发展理念，是新时期的一种必然要求。从生态足迹研究视角，落实推进新的发展理念，全面实施乡村振兴战略和区域协调战略，站在建设流域生态文明、科学指导区域发展、实现流域共建共享的历史高度，从岷江上游流域的资源条件和发展基础出发，研究特定流域的生态屏障建设实践，对于生态足迹理论的发展与创新、国家层面的生态平衡与生态保护、西部地区的社会稳定和经济发展具有重大的理论意义和现实意义。

本书以生态足迹理论为研究基础，通过生态足迹核算方法对岷江上游干旱河谷区域进行核算和分析，开展生态足迹中人均消费量计算、生态足迹等量化因子的确定、生态承载力计算、生态盈余/生态赤字计算开展有关生态足迹计算模型的构建及其模型修正研究，并对结果进行可持续发展分析。在全面论述流域生态经济可持续发展基础上，将该区域划分为三个生态功能区并确立森林牧草、水域湿地、农田作物等生态屏障建设重点内容，提出由生态产业、生态林业和生态人居三大主体构建岷江上游生态屏障的支撑体系，对水资源节约与集约利用、生态补偿和制度保障等生态屏障的保障要素进行了分析。通过分析把握岷江上游区域生态系统的空间特征、生态敏感性和生态功能性基底，提出有效维护该区域生态经济和资源环境保护的绿色发展道路。最后选取在岷江上游地区具有典型性和代表性的黑水县开展生态足迹核算和分析，通过对黑水县 2008～2012 年的人均资源消费、耕地面积和生物资源生产等数据的搜集，计算了黑水县 2008～2012 年的生态足迹、生态承载力以及生态赤字/盈余，并对该县的可持续经济发展进行分析。

本书的研究内容实地调研要求高、资料数据搜集工作量较大、研究内容涉及面较宽且部分成果具有一定的创新性。如在生态足迹的理论研究中，开展了模型构建及其模型修正；结合岷江流域水资源承载分布，开展水资源生态足迹核算研究；强化生态屏障建设的系统工程概念，明确生态屏障建设的重点方向；在流域生态经济的理论研究基础上，开展流域地区的生态建设与经济发展的耦合研究；结合岷江上游生态产业体系建设路径，提出转变岷江上游流域经济发展方式，把生态产业化、产业生态化和生态环境与社会经济协调化发展作为实现社会经济可持续发展的重要内容，从而直接支撑该区域的生态屏障建设实践；在生态屏障建设指导下，提出了岷江上游地区三大生态产业发展路径和布局思路，将地区生态产业与生态屏障紧密结合，具有很好的操作性和很强的针对性；对于岷江上游生态屏障区域来说，生态补偿机制可以通过市场经济激励机制来约束用水者的行为，减少上游地区的生态破坏动机，推动上游地区的生态保护动力，使得流域范围内生态产业发展的微观主体发挥市场资源基础性配置作用；本书选取的具有森林牧草、水域湿地、农田作物等生态屏障重点资源的典型性县域单元——黑水县进行生态足迹核算和可持续经济发展分析也有一定的示范性。

由于生态足迹理论及应用研究是一个全新而复杂的研究领域，岷江上游干旱河谷区生态屏障体系的构建也涉及方方面面，本书肯定还有许多有待完善和进一步深入研究的地方。希望本书的出版能够起到抛砖引玉的作用，引起更多的学者参与到生态足迹理论及应用研究和对岷江上游特定区域的关注中来，促进相关领域和区域的发展，提高其研究水平。

限于时间和本人的学术水平，书中难免存在不足之处，敬请读者批评指正，并希望多提宝贵意见。

赵　兵
2018 年 5 月

目　　录

第 1 章 岷江上游干旱河谷区发展基础和资源条件

1.1 岷江上游地区区情概况

1.1.1 岷江上游地区环境概况

1. 地理概况

岷江上游位于青藏高原东部，四川盆地西北部，阿坝藏族羌族自治州东部，处于秦岭纬向构造带、龙门山北东向构造带与马尔康北西向构造带间的三角形地块内，东经 102°33′46″～104°15′36″，北纬 30°45′37″～33°69′35″。该区属阿坝藏族羌族自治州的一部分，包括汶川、理县、茂县、松潘、黑水五县，总面积为 25426.875 km^2。东面与北川、安庆、绵竹交界，南接崇州、大邑，西连红原、马尔康，北与九寨沟县、若尔盖县接壤。由于流域范围的延伸性和特殊性，且为了研究的方便和规范，在本著中将上述五县定义为岷江上游地区核心区，将与上述五县相邻的九寨沟县、若尔盖县、红原县、马尔康市、小金县的五县市范围定义为岷江上游地区辐射区。在本书中除非特别说明，岷江上游地区所属范围为上述五县所组成的核心区部分[1]。

2. 地质地貌

岷江上游地势大部分属邛崃山系岷山山脉，东南边境属龙门山尾段，自西北向东南倾斜，最高海拔 6250 m(四姑娘山)，最低海拔 780 m(东南漩口地区)。根据四川省地貌类型统一分类，岷江上游可分低中山、中山、高山、极高山四个基本类型：低中山 1108.6 km^2，中山 18205.6 km^2，高山 5415.9 km^2，极高山 737.9 km^2。区内地质大部分属马尔康地质分区和龙门山地质分区，属纬向构造体系。区内主要以片岩、千枚岩、砂板岩、大理岩等变质岩为主，花岗岩零星分

[1] 有少数文献将九寨沟县纳入了岷江上游范围，按照中国科学院 · 水利部成都山地灾害与环境研究所相关专家的认定和学界多数人的观点，采取岷江上游五县的划分标准。

布。该区基本按向斜谷背斜山的模式展现地形，地势向东南四川盆地方向倾斜，呈典型的高山峡谷地貌。

3. 气候水系

岷江上游地区属季风气候，大部分区域空气干燥，气温较低，多晴少雨。由于区内海拔高差悬殊，地形复杂，因而气候差异显著，具有山地立体型气候特征。该区常年日照时数为 1500～1800 h，日照百分率 38%。本区多年平均气温为 10.2 ℃，该区多年平均降水量为 724.9 mm，最高年降水量 1190.9 mm，最低年降水量 492.7 mm。

岷江是长江上游的一大支流，发源于四川与甘肃交界处的岷山南麓，松潘县北方弓杠岭隆板棚，分东西两源，东源起于弓杠岭，为流经漳腊的漳金河；西源起于郎架岭，为流经黄胜关的羊洞河。两源于松潘元坝乡虹桥关汇合，沿岷山山脉由此向南行进，干流由北向南出松潘，经茂县、汶川至都江堰进入成都平原，呈极不对称的树枝状水系。平均比降 8.2%，出口处每年平均流量 452 m^3/s。一级支流为黑水河(藏名措曲)，发源于希娘山，横穿黑水县城，经茂县两河口入岷江，属于该支流的河系有毛儿盖河、小黑水河、赤不苏河。另一级支流为杂谷脑河(史称沱水)，发源于鹧鸪山理县一侧，经米亚罗、杂谷脑、薛城、龙溪等地于威州镇汇入岷江，该支流的河系有孟洞河。另一支流为渔子溪(亦称二河)，发源于汶川卧龙西南的巴朗山东坡，在映秀中滩铺汇入岷江。

4. 土壤植被

岷江上游地区受生物气候垂直自然带制约，土壤垂直分异十分显著，从低到高依次为：褐土→棕壤→暗棕壤→寒棕壤→寒毡土→寒冻毡土和高山寒漠土。该区随着海拔和水热条件的变化，植物在水平分配上，由纬度较低的东南部低中山区逐渐向纬度较高的西部平原区变化。其植被以从常绿—落叶阔叶林相间，到针阔叶混交－暗针叶林－亚高山灌丛草被－高山草甸矮生草被的趋势变化。同一海拔高度的范围内，由于不同坡向所引起的水热分配状况不同，导致阴坡森林多，阳坡草被多。相关分布见表 1-1。

表 1-1　岷江上游气候、植被、土壤垂直自然带

海拔/m	垂直气候带	垂直植被带	垂直土壤带
＞4800(5000)	冰雪带	永久积雪(无植被)	永久积雪 (无土被)

续表

海拔/m	垂直气候带	垂直植被带	垂直土壤带
4400(4500)～4800(5000)	寒带	流石滩植被带	高寒寒漠土
3800(4000)～4400(4500)	亚寒带	亚高山灌丛草甸、高山草甸带	寒毡土、寒冻毡土
3000(3200)～3800(4000)	温寒带	冷、云杉林带	暗棕壤、寒棕壤
2000(2200)～3000(3200)	温带	针阔叶混交林带(松林带)	棕壤、褐土
1500(1600)～2000(2200)	暖温带	常绿、落叶阔叶林、干旱灌丛植被带	石灰性褐土
<1500(1600)	亚热带	常绿阔叶林、干旱灌丛植被带	黄壤、准黄壤、石灰性褐土

资料来源:《阿坝州土地利用“十一五”规划》。

1.1.2　岷江上游地区资源概况

1. 动植物资源

岷江上游地区地处我国自然地理垂直地带中两大阶梯之间的过渡地带，是我国川西一滇北植物中心的重要组成部分，为四川省植物资源最丰富的地区之一，是成都平原及长江上游的绿色生态屏障和著名的珍贵生物基因宝库。岷江上游地区有1500多种植物，分布有多种国家重点保护野生植物，如珙桐、银杏、独叶草、松香、红豆杉等。按照海拔分类为低中山地区的河谷阶地和山体下部，常绿阔叶林树种有茶、樟、枇杷等；落叶阔叶林树种有香椿、泡桐、板栗、核桃等；药用植物有杜仲、厚朴、五倍子等。中山地区的山体上部，随着海拔高度上升，针叶林急剧增加，落叶阔叶林以白桦、粗皮桦、花椒、野樱桃居多；针叶林以红松、铁杉、马尾松为主；林下灌木有箭竹、大叶杜鹃；药用植物有大黄、当归、乌药等。高山峡谷和山原地区山体的阳坡和中下部的阴坡，分布面积最大的是针、阔混交林，主要树种有岷江冷杉、紫果云杉、白桦、红桦等；林间常有箭竹、沙棘等灌木，伴有红毛五加皮、赤芍、党参等药用植物以及蘑菇、松菌、樟子菌等各类食用菌。

岷江上游动物区系组成复杂，生态环境得天独厚，尤以稀有动物和山地动物最为丰富，在森林、草地中活跃着各种野生动物。动物种类约550多种。该地区属于国家一级保护动物的有大熊猫、金丝猴、云豹、牛羚等。二级保护的动物有小熊猫、称猴、马熊、大灵猫、猞猁、金猫、林鹿、毛冠鹿、水鹿、盘羊、岩羊、蓝驭鸟、雪豹、猴、角堆、虹雉等。三级保护的有斑羚、水獭、兰马鸡、锦鸡、血雉、贝母鸡等。观赏鸟有杜鹃、黄鹂、画眉等。药用动物有羌活鱼、蝮蛇等。家养牲畜以牛、马、羊、猪为主。岷江上游地区维管束植物分类系统如表 1-2 所示。

表 1-2　岷江上游维管束植物分类系统

<table>
<tr><th colspan="2">类别</th><th>科</th><th>属</th><th>种</th><th>岷江上游产
中国特有种数</th><th>岷江上游地区
特有种数</th></tr>
<tr><td colspan="2">蕨类植物</td><td>16</td><td>24</td><td>68</td><td>18</td><td></td></tr>
<tr><td colspan="2">裸子植物</td><td>7</td><td>14</td><td>41(含 7 变种)</td><td>34(含 5 变种)</td><td>1 变种</td></tr>
<tr><td rowspan="2">被子植物</td><td>双子叶植物</td><td>120</td><td>410</td><td>1409
(含 22 亚种，
194 变种)</td><td>797
(含 18 亚种，
112 变种)</td><td>93
(含 21 变种)</td></tr>
<tr><td>单子叶植物</td><td>12</td><td>150</td><td>449
(含 21 变种)</td><td>175
(含 10 变种)</td><td>29
(含 3 变种)</td></tr>
<tr><td colspan="2">合计</td><td>155</td><td>598</td><td>1967
(含 22 亚种，
222 变种)</td><td>1164
(含 18 亚种，
127 变种)</td><td>122
(含 25 变种)</td></tr>
</table>

资料来源：《阿坝州土地利用“十一五”规划》。

2. 矿产资源

该区矿产资源丰富，区内已探明的矿产资源有 9 类 54 种，其中已查明有一定储量的矿种有 19 种，且其中金、银、铜、锡、铁、铅、锰、铝、钛、锌、钾、锑、汞等储量较大。燃料矿产有煤等。非金属矿有大理岩、石英岩、花岗岩、金刚砂、水晶、云母、硫黄等。另外还有地热资源和石灰岩可以利用。金矿资源优势突出，居全省第一位，极具开发价值。

3. 土地及草地资源

该区农业耕地严重缺乏，分布不均衡，呈垂直分异，地块小且零散，土壤肥力不高。2007 年[1]，岷江上游地区土地总面积为 3814 万余亩，其中牧草地 1192 万余亩，占土地总面积 31.26%；林地 1844 万余亩，占 48.37%；园地 25370.7 亩，占 0.07%；农耕地 84 万余亩，占 2.21%；其他用地共 477 万余亩，占 18.09%。从上游五县范围来看，松潘的耕地面积最多，达到 25 万余亩，占该区域耕地总面积的 29.8%。而耕地面积最少的理县只有 5 万余亩，占耕地总面积的 6.19%。其余三县，茂县为 21 万余亩，黑水县为 19 万余亩，汶川县为 14 万余亩。从空间位置来看，该区耕地主要集中在低海拔河谷地区，一般沿河谷两岸形成一个狭长带状耕地带，地块狭小而不连片。由于受热量条件、水分条件和灌溉条件制约，耕地受种指数较低。理县的林地面积最多，达到 502 万余亩，占林地总数的 27%。茂县的林地面积最小，为 194 万余亩，占林地总数的 10%。现有林地以防护林为主，有少量的经济林。

岷江上游草地资源丰富，类型多样，是发展畜牧业的重要基础，是长江上游绿色生态屏障的重要组成部分，在调节气候、涵养水分、防风固沙、保持水土等方面有着重要作用。松潘的草地面积最多，达到 565 万余亩，占该区域草地总面积的 47%。其余四县依次分别是黑水、茂县、理县和汶川。该区草地中高山草甸草地所占面积最大，其次是亚高山草甸草地，两类型占该地区草地总面积的比例分别达到 54.8%和 17.2%。以天然草场占主要地位，牧草生产期短，草地载畜能力不高，主要分布在高山峡谷区域。

4. 水资源

岷江上游流域地表水资源总量平均每年约 158 亿 m^3，是我国地表水资源富集区之一。就水能方面来看，岷江上游流域河流落差大，水能资源丰富。全流域水能资源 60%以上集中在岷江上游的干流河段上，可开发的水能装机容量为 395 万 kW，占全省可开发装机容量的 8%，每年可发电 139 亿 kW·h 以上，占全省发电量的 9%，易于开发，淹没面积小，开发利用价值和经济效益很高；就水产方面来看，岷江上游流域内共有鱼 28 种，分属 4 目 8 科 16 属，其中珍稀和特有鱼类及保护鱼类 10 多种，国家和省重点保护鱼类有 6 种，岷江上游流域水质良好，气候适宜，天然饵料丰富，这里是许多高原冷水鱼栖息繁衍的最佳环境；就水运方面来看，岷江上游河床狭窄，水流湍急，水位落差大，水运利用率十分低下，在计划经济时代用于运送木材，近期在《岷江航电综合开发规划中》明确提

---

[1] 由于 2008 年 5 月 12 日发生的汶川大地震，给岷江上游五县造成了重大人员伤亡、财产损失、地质生态环境受到破坏，受到不可抗拒因素影响，该区 2008 年各项统计数字出现异常变动，因此，本书除了特别说明，一般以 2007 年统计数字为准。

出了“渠化上段、整治下段”总体思路，这对岷江上游地区的水运发展带来了良好的机会。

5. 森林资源

岷江上游地区2007年有林业面积106.08万hm^2，其中，有林地40.96万hm^2，灌木林地52.07万hm^2，各种经济林木0.43万hm^2，活立木蓄积12.61万hm^2；生长着杉、松、桦、杨等40多个珍贵树种。森林覆盖率平均为38.6%，比全省同期平均水平高5.3个百分点。岷江上游地区因地形、地貌、气候、海拔等多种因素的制约，形成以亚高山暗针叶林为主的多种森林类型，其分布以海拔、坡向等不同呈规律性变化，该区森林类型和树种较为复杂多样。各大河流上游及分支沟尾部较为集中，尤其阴坡和半阴坡，是亚高山暗针叶林的集中分布地带。

6. 自然保护区资源

岷江上游地区森林、草地、湿地资源丰厚，形成了非常独特的动植物基因库，形成了包括森林类型、湿地类型、野生动植物类型的自然保护区24处。其中有卧龙国家级自然保护区，黄龙、白羊、宝顶、米亚罗、草坡、三打古等6个省级自然保护区，省级茂县土地岭森林公园和黑水卡龙沟风景区。该区有大熊猫、金丝猴等国家级重点保护珍稀野生动物和岷江柏、红豆杉、紫果云杉等珍稀野生植物。

7. 旅游资源

岷江上游地区山川秀美、历史悠久、文化独特，优美的自然风光与别具特色的民族文化的有机结合，形成了岷江上游独特而丰富的旅游资源，这里是阿坝州旅游资源分布最为集中的地区，阿坝州绝大多数旅游资源均集中分布在该区。这些资源品位高、分布广、面积大、种类全。该区共有国家级风景名胜区1个，省级风景名胜区4个，州级风景名胜区1个。主要自然景观有黄龙风景区、卧龙风景区、米亚罗风景区、叠溪一松平沟风景区、卡龙沟风景区、牟泥沟风景区、三打古冰川、九顶山和雪宝顶等，主要人文景观有西羌民族风情(桃坪羌寨、萝卜寨、黑虎寨和羌族博物馆等)、藏族(嘉绒藏族)风情、松潘古城、姜维城、叠溪古城、毛尔盖会议遗址和红军长征纪念碑园。围绕该区旅游线路形成的九环线(九寨沟旅游环线)成为四川省最重要的旅游线路之一。该区旅游资源不仅类型多样，而且地域组合良好。岷江上游地区核心区范围的旅游资源与辐射区范围的九寨沟、四姑娘山等著名景点，共同构成国内外享有盛誉的精品旅游资源。

1.1.3　岷江上游地区经济社会概况

1. 岷江上游五县人口及民族分布

岷江上游五县，总人口39万人，平均人口密度为15.6人/km^2。人口沿河谷地带分布，以威州、映秀、漩口一带最密集。绝大部分人口集中分布在河谷和山间台地，造成局部区域人口密度大，人地矛盾尖锐。由于历史原因，区域社会发育程度不高，导致文盲率较高，人口素质低，人力资源不足。岷江上游地区居民以藏、羌、回等少数民族为主，占其总人口的73.03%，是中国最大的羌族聚居区。岷江上游地区人口及构成分布如表1-3。

表1-3　岷江上游地区人口统计表(2012年)　　单位：万人

县	年底总人口	男	女	农业人口		非农业人口	
		人口数	人口数	人口数	比重/%	人口数	比重/%
汶川县	10.5	5.5	5	6.7	63.8	3.8	36.2
理县	4.5	2.3	2.2	3.5	77.8	1	22.2
茂县	10.9	5.7	5.2	9.1	83.5	1.8	16.5
松潘县	7.2	3.7	3.5	5.8	80.6	1.4	19.4
黑水县	5.9	3	2.9	5.1	86.4	0.8	13.6
上游地区小计	39	20.2	18.8	30.2	77.4	8.8	22.6

资料来源：《四川省统计年鉴2013》。

2. 岷江上游五县基本情况

(1)汶川县。汶川县位于阿坝藏族羌族自治州东南部，属于岷江上游南部区域，总面积为4084 km^2，其中耕地面积为10894 hm^2，森林覆盖率达38.1%。全县辖8镇4乡，总人口99949人。汶川县羌族人口占总人口数的26.6%。该县气候南(漩口镇、映秀镇)湿北(威州镇、绵虒镇)旱趋势明显，光热水分分布不均，利于发展农业的多种经营生产。岷江由县北部入境，贯穿东部。杂谷脑河、草坡河、寿江为县域内岷江主要支流，岷江纵贯县境西部地区，长达88 km，流域面积1429 km^2。全县水能资源丰富，理论蕴藏量达348万kW，可开发量为170万kW。

(2)理县。理县位于阿坝藏族羌族自治州东南部，属于岷江上游中西部区域，总面积为4318 km^2，其中耕地面积2666 hm^2，森林覆盖率达30%。全县辖5镇8乡，总人口45054人。理县藏族人口占其总人口数的48%，羌族占32%。地质结构属龙门山断裂带中断，境内山峦起伏，平均海拔 2700 m，气候属山地型立体气候，春夏季降水量多，冬季无霜期短。理县沟壑纵横，水资源丰富，河流落差大，水电可开发量达 104 万余 kW。

(3)茂县。茂县位于阿坝藏族羌族自治州东南部，属于岷江上游东中部区域，总面积 3903 km^2，其中耕地为 8266 hm^2，森林覆盖率达 37%。全县辖 3 镇 18 乡，总人口 109361 人。茂县是全国羌族人口最多的县，羌族人口占该县总人口数的 90%。气候具有干燥多风、冬冷夏凉、昼夜温差大、地区差异大的特点。岷江自北向南纵贯全境。黑水河、赤不苏河、松坪河分别在大小两河口和叠溪镇汇入岷江。境内江河纵横，水流湍急，水能蕴藏量 127.5 万 kW，可开发量 39.8 万 kW。

(4)松潘县。松潘县位于阿坝藏族羌族自治州东北部，属于岷江上游东北部区域，总面积 8486 km^2，其中耕地 8141 hm^2，森林的覆盖率为 28%。全县辖 2 镇 21 乡，总人口 74166 人。藏族占其人口总数的 42.97%，羌族占 10.2%，回族占 15.03%。境内降水分布不均，但干雨季分明，雨季降水量占全年降水量的 72%以上。县境内有岷江河、热务曲河、毛尔盖河、白草河等岷江支流，水能理论蕴藏量达 76 万 kW，可开发量达 11 万 kW。

(5)黑水县。黑水县位于阿坝藏族羌族自治州东中部，属于岷江上游西北部区域，总面积 4165 km^2，其中耕地 7846 hm^2，森林覆盖率为 45.1%。全县辖 3 镇 14 乡，总人口 58972 人。藏族人口占 92%以上，是一个以农业生产为主的藏族聚居县。县境属季风高原型气候区，旱雨季节分明，日照充足，年温差较小，日差较大。黑水县境内有黑水河、毛尔盖河、小黑水河三条岷江支流，水能理论蕴藏量 87.8 万 kW，可开发量 39.5 万 kW。

3. 岷江上游五县经济发展状况

1)总体情况

岷江上游地区气候多样，生态环境奇特，自然资源极为丰富，特别是旅游和水电资源具有优势，该区也是四川省重要的林、畜、药、果生产基地。主要农业作物有玉米、青稞、黄豆、土豆、小麦、蚕豆、荞麦、油菜、亚麻，畜产品有禽、皮、毛、乳、油、骨等，珍稀药材种植有贝母、虫草等；工业上以水电开发为龙头产业，重点发展高耗能、医药、建材、绿色食品等优势产业。旅游品牌有大九寨、大熊猫、大草原、大冰川、大石海等项目。

岷江上游地区各县充分利用本地资源优势，逐渐形成了以旅游业、水电能源业、高载能业为支柱产业的县域经济体系。九寨沟、黄龙、卧龙等世界级旅游景区和自然保护区分布在岷江上游地区的核心区或辐射区。该区水利资源丰富，拥有岷江、黑水河、杂谷脑河、白水河、孟屯河和寿溪河等众多可供开发水电的流域。从表1-4可以看出，水电工业对该区工业经济的支撑作用非常突出，2012年电力工业增加值占全部工业增加值89%左右。结合水电开发，本地重点发展了高载能电冶工业，如电解铝、硅铁、工业硅、电石、锂盐、电子蓝宝石、绝缘陶瓷、铝箔、石墨电极等。

表1-4　岷江上游地区五县的经济数据统计表(2012年)

区域	县	国内生产总值/万元	第一产业	第二产业	（工业）	第三产业	人均国内生产总值/元
岷江上游地区	汶川县	287721	18046	221969	194546	47706	26204
	理县	63310	7620	40630	26872	15060	13245
	茂县	101301	16653	53455	42304	31193	9512
	松潘县	81986	16397	16522	2127	49067	11596
	黑水县	49366	9404	27903	10437	12059	8367
	小计	583684	68120	360479	276286	155085	13785
阿坝州合计		1043594	187632	456729	316137	399233	10759
岷江上游占全州比重/%		56	36	79	87	39	
阿坝州占全省比重/%		0.99	0.92	0.98	0.81	5.49	

资料来源：《四川省统计年鉴2013》。

2)主要特征

岷江上游地区所在的阿坝州地区生产总值仅占四川省的0.99%，这一方面是由于阿坝州总体处于禁止或限制开发区内，海拔较高，地势险要，生态脆弱，是长江、黄河上游生态屏障，维持其生态功能是重要因素，另一方面本区基础设施条件较差，信息闭塞，属于经济发展相对滞后的少数民族贫困山区。然而，岷江上游地区5县地区生产总值占全州13县总和近2/3，其工业总产值占全州绝大比值，该地区工业主要依靠水电开发及高耗能产业等资源依赖型工业为主，工业结构比较单一，水电工业占全部工业增加值85%以上。岷江上游地区除水电开发依流域而建外，汶川的七盘沟、映秀和漩口等地形成了全州工业的集中地带，其余4县主要以农牧业、旅游业等非工业为支柱产业。其特征有：①1978～2012年，该区域的经济发展步伐不断加快，农业和农村经济稳步发展，工业经济不断壮大，城乡市场蓬勃发展，交通通信网络日臻完善，社会事业欣欣向荣，人民生活水平不断提高，综合经济实力明显增强。②岷江上游地区的三次产业结构由

1978 年的 40∶48∶11 演变为 2012 年的 18∶42∶39，产业结构全面优化，经济运行质量和效益明显提高，农业基础更加稳固，农村经济协调发展。③该地区产业结构不断优化，优势资源不断转化为优势产业，工业化进程推进加速，工业总体规模不断扩大，发展质量不断提高。以旅游发展为龙头促进第三产业发展，取得良好成效。

3)工业化阶段分析

工业化是一个国家或地区经济发展的普遍规律，也是发展中国家和地区走向现代化的必然选择；近现代经济发展主要是以工业化为标志，经济发展过程实际上是工业化过程。参照钱纳里等(1989)的划分方法，可以将工业化过程大体分为工业化初期、中期和后期(见表 1-5)。

表 1-5　工业化不同阶段的标志值

基本指标	前工业化阶段(1)	工业化实现阶段			后工业化阶段(5)
		工业化初期(2)	工业化中期(3)	工业化后期(4)	
1. 人均 GDP(经济发展水平)					
(1)1964 年 GDP/美元	100～200	200～400	400～800	800～1500	1500 以上
(2)1996 年 GDP/美元	620～1240	1240～2480	2480～4960	4960～9300	9300 以上
(3)1995 年 GDP/美元	610～1220	1220～2430	2430～4870	4870～9120	9120 以上
(4)2000 年 GDP/美元	660～1320	1320～2640	2640～5280	5280～9910	9910 以上
(5)2002 年 GDP/美元	680～1360	1360～2730	2730～5460	5460～10200	10200 以上
(6)2004 年 GDP/美元	720～1440	1440～2880	2880～5760	5760～10810	10810 以上
2. 三次产业产值结构(产业结构)	$A>I$	$A>20\%$，且 $A<I$	$A<20\%$，$I>S$	$A<10\%$，$I>S$	$A<10\%$，$I<S$
3. 制造业增加值占总商品增加值比重(工业结构)	20%以下	20%～40%	40%～50%	50%～60%	60%以上
4. 人口城市化率(空间结构)	30%以下	30%～50%	50%～60%	60%～75%	75%以上
5. 第一产业就业人员占比(就业结构)	60%以上	45%～60%	30%～45%	10%～30%	10%以下

2012 年岷江上游地区人均 GDP 达到 13785 元，以当年汇率(拟定汇率为 6.9)折算约为 2000 美元，按钱纳里标准，整体处于工业化初期阶段到工业化中期阶段。以人均 GDP 和三次产业比重为依据，按钱纳里标准，岷江上游地区的

工业化水平如下表(1-6)。

表 1-6　岷江上游地区 2012 年的工业化水平

县	人均 GDP /元	人均 GDP /美元	按人均 GDP 判断的工业化水平	三次产业比重	按三次产业比重判断的工业化水平
汶川	26204	3798	工业化中期	6：77：17	工业化中期→工业化后期
理县	13245	1920	工业化初期	12：64：24	工业化初期→工业化中期
茂县	9512	1379	前工业化阶段	16：51：33	前工业化阶段→工业化初期
松潘	11596	1681	工业化初期	20：20：60	前工业化阶段→工业化初期
黑水	8367	1213	前工业化阶段	19：57：25	前工业化阶段→工业化初期
岷江上游	13785	1998	工业化初期	11：62：47	工业化中期

注：表中人均 GDP 按 2007 年平均汇率 6.9 折算为美元。资料来源：《四川省统计年鉴 2007》。

不论从整体还是从各个地区来看，岷江上游地区震前的工业化水平基本处于初期和中期阶段，工业化水平较低，需要不断调整和优化产业结构来提高工业化水平。

4)地区工业密度

随着工业化进程的加快，为了衡量一个地区在一定时期内工业集约化程度，我们把每平方公里的工业增加值称为工业密度。显然，密度越大，工业布局越集中，就能形成产业集群、聚集效应，发挥区域各种资源要素的极化效应和规模效益。2012 年，四川省平均工业密度为 64.84 万元工业增加值/km²，与岷江上游地区地域相连的成都市、德阳市、绵阳市、雅安市分别为 744.90 万元工业增加值/km²、463.10 万元工业增加值/km²、104.65 万元工业增加值/km²、40.24 万元工业增加值/km²，工业集中程度均超过或接近全省水平(见表 1-7)。阿坝州工业密度最低，说明工业布局过于分散，没有形成产业集群。

表 1-7　阿坝州与岷江上游地区周边相邻地区灾前工业集中程度比较(2012)

地区	工业增加值 /亿元	占全省比重 /%	工业密度 /(万元工业增加值/km²)
成都市	923.67	29.37	744.90
德阳市	269.43	8.57	463.10
绵阳市	212.29	6.75	104.65
雅安市	56.34	1.79	40.24
阿坝州	25.27	0.80	3.03
累计	1487	47.28	271.18
四川省	3144.72	100	64.84

资料来源：《四川省统计年鉴 2013》。

综上分析，岷江上游地区自开发以来，经济发展已由工业化初期阶段转向工业化中期阶段，工业产业初具规模，产业结构趋于合理，以资源型开发作为发展经济的原动力。

4. 岷江上游区域发展特点分析

西部开发十年来，岷江上游的流域经济取得了一定的发展。本著认为岷江流域经济发展过程遵循了区域经济学、发展经济学理论的一般规律，目前正在按已经形成的基本方向继续发展。同样，岷江上游流域经济发展还具有流域发展特点，主要体现在四个方面：

其一，岷江上游流域经济发展是从一元结构向二元结构的过渡。欠发达地区的发展过程会呈现二元结构特征，岷江上游流域经济的发展也具有这样一种特征。在20世纪90年代前，岷江上游地区的农业增加值在地区生产总值中占较大比例，工业也主要是农副产品的粗加工，以森林砍伐为基础的"木头财政"长期占据着岷江上游地区经济的主导地位，岷江上游流域经济基本上处于以传统农业生产为主的一元经济结构。经过10多年的流域开发，岷江上游流域经济已呈现典型的二元经济结构：较先进的大规模工业生产与传统的农业生产并存。农业生产还处在一家一户分散的生产方式状况，仍没有出现大规模集中生产的现代农业。工业生产形成了由各大中型水电站、高载能加工、建材生产等成为主体的产业体系。还形成了以九环线为标志的交通、旅游产业。流域经济发展呈现典型的由传统农业向工业化过渡的一般性，而这种工业化过程是建立在开发流域内自身资源基础上的，这又是岷江上游流域经济发展的特殊性。

其二，岷江上游流域经济发展是非均衡发展向均衡发展的过渡。非均衡发展战略是许多西方发展经济学家的主张[1]。由于自然资源禀赋和开发时间的差异，岷江流域以成都市、乐山市、宜宾市为中心的中下游地区比上游地区发展得快，特别是居于岷江中游的省会城市——成都。中下游地区这些中心区的发展初期，大量吸引了周边的人才、资金及各种要素，形成极化效应，拉大了地区间的差距。这些中心区在进一步发展过程中，又不断从中心区域向周边发展，建立新的经济增长点，形成扩散效应。岷江流域几个发展较快的中心区域，近年来区域半径不断扩大，是流域经济从不平衡向平衡发展过渡的体现。

其三，多元化的投资拉动是岷江上游流域经济发展的基本因素。陈秀山和孙久文在《中国区域经济问题研究》中认为：某些地方存在着资金约束型贫困，政

---

[1] 杜肯堂，戴士根. 区域经济管理学[M]. 北京：高等教育出版社，2004.

府扶持、区域合作是这些地区经济发展的必要启动力[1]。岷江上游流域经济过去长期停留在以传统农业为主的一元经济结构上，主要原因除了自然因素外，固定资产投资严重不足是另一个重要原因。在国家实施西部大开发以后，岷江上游流域的社会固定资产投资强度得到较大提高，然而，由于基数低、欠账多、灾害多、基础设施投入大等因素，岷江流域近年的投资(在灾后重建之前)仍然不能充分有效带动当地的经济发展，更何况岷江上游流域的水电建设投资所占比例较大。因此，由于岷江上游流域自身经济基础比较薄弱，只能从国家通过投入大型项目的建设资金来带动流域经济的发展，这被视为岷江上游流域经济发展的特殊性。

其四，水电产业成为岷江上游流域经济发展的"增长极"。佩鲁的"增长极"理论告诉我们：不发达地区的发展过程总是由主导部门或有创新能力的企业在某些局部形成经济中心，成为促进自身增长并带动其他地区或部门增长的"增长极"。岷江上游流域经济发展同样遵循这个规律，根据岷江上游流域水资源经济的特点，从优势比较明显的水电开发起步，以紫坪铺水利枢纽工程等若干大型水电综合利用工程项目为依托，形成水电开发主导产业，在投资导向、产出效益、经济规模、带动能力等方面成为全流域经济发展的"增长极"。

1.2　岷江上游流域水资源条件

1977年，联合国教科文组织界定"水资源应指可资利用或有可能被利用的水源，这个水源应具有足够的数量和可用的质量，并能在某一地点为满足某种用途而可被利用。"定义说明了水资源是人类生存、生产、发展不可缺少的基本资源。水资源虽然是可再生资源，但又是有限资源，水资源由于成为稀缺资源而更具有经济性。水资源经济侧重于对水资源的合理分配与调度、开发、管理、利用和保护等方面的经济问题。随着经济的发展和水资源的相对短缺，水资源成为影响经济发展的重要因素。流域水资源经济是流域经济的主线。流域经济的发展，主要是充分、合理、有效地开发、利用、保护水资源，最大限度地利用水资源的经济特性，产生最大的经济、社会、环境效益。

[1] 陈秀山，孙久文. 中国区域经济问题研究[M]. 北京：商务印书馆，2005.

1.2.1　岷江上游流域水资源特性及其对流域经济的影响

1. 岷江上游流域水资源的基本情况

岷江上游流域的水资源主要为符合生活和生产用水需要的河川径流。岷江上游流域水资源特征，主要反映在该河川径流的时空分布和实际变化上。根据多年水文实测资料，岷江上游流域的河川流量变化呈明显的年循环，但逐年的流量变化具有不重复性，因此可以把每年的最大、最小和平均径流量以及各相同时期的时段径流量等各种特征值，作为随机现象研究。而长时间系列的平均径流量，则是从宏观上认识岷江上游流域水资源规模的重要特征值。

根据长江流域实测水文资料统计分析，岷江上游流域地表水资源为 158 亿 m^3，占长江流域地表水资源的 1.7%，占全国地表水资源的 0.6%。详见表 1-8 所示。

表 1-8　岷江上游地区地表水资源量统计表

地区	县	水资源总量/亿 m^3	生态环境用水量/亿 m^3	汛期弃水/亿 m^3	可利用水资源量/亿 m^3
岷江上游	汶川	30.94	3.85	15.20	11.89
	理县	31.81	3.75	15.35	12.70
	茂县	20.23	2.08	10.35	7.80
	松潘	46.78	6.46	20.48	19.84
	黑水	29.02	2.79	15.23	11.00

统计年份：1956～2012 年；资料来源：《阿坝州水务局》。

岷江上游地区年降水量为 494.8～1332.2 mm，降水时空分布不均。岷江上游地区干湿季分明，5～10 月为雨季，降水占 80%以上，11 月至翌年 4 月为旱季，降雨量仅占 20%左右。岷江上游五县的可利用水资源量有较大的差异，茂县是最小的，其次是黑水县、汶川县，理县随后，松潘县为最大的(见表 1-9)。岷江上游地区山区降水量比较大，融雪补给径流是该地区水资源的重要组成部分。

表 1-9　岷江上游地区多年平均水资源可利用量统计表

流域范围	县	地表水资源量统计参数			地表水资源量设计值			
		均值	C_v	C_s	P=20%	P=50%	P=75%	P=95%
岷江上游	汶川	30.94	0.13	0.25	35.08	30.59	27.36	23.27
	理县	31.81	0.09	0.19	34.74	31.63	29.30	26.26
	茂县	20.23	0.10	0.21	22.32	20.11	18.45	16.29
	松潘	46.78	0.10	0.20	52.63	46.28	41.72	35.96
	黑水	29.02	0.10	0.19	31.94	28.84	26.52	23.49

资料来源：《阿坝州水务局》；水量单位：亿 m^3。

按照成都平原的饮用水源和基本农田灌溉用水要求，岷江上游流域水资源的质量应给予高度重视。在岷江流域共布设了 26 个地表水水质监测断面(国控和省控)，收集数据供四川省环境监测中心站进行分析。统计分析表明[1]，岷江上游流域水资源质量优良，达Ⅰ类水质标准，全流域符合Ⅱ类水质标准，在我国中等以上流域中属水质较好的。

2. 岷江上游流域水资源的特点

根据都江堰水文站实测数据，近几十年来，岷江上游来水量总体呈下降趋势，但从水资源总量来看，岷江上游地区水资源总量比较大，河道大部分经深山峡谷，河流落差大，水源年内分布不均，降水空间分布不均。因此，岷江上游流域水资源的特点是水量丰富、时空分布不均、存蓄性差。

3. 岷江上游流域水资源特点对流域经济的发展带来的影响

从有利方面来看，随着经济的发展和社会的进步，水需求不断上升，供需矛盾日益突出，水资源成为经济发展的最大制约因素之一。岷江流域水资源供给相对充足，不受制约。岷江上游流域水量丰富、落差大，而且两岸地势相对高差大，水电开发极为有利。岷江上游流域水质良好，可以作为生活用水，供水的生产成本极低；作为商品饮用水，可直接装瓶；作为工业用水，可直接利用；作为养殖用水，对鱼类生长十分有利；旅游业可以直接对水面加以利用。总的来说，岷江上游流域水资源整体上利于流域生态经济的形成和发展。

从不利方面来看，防洪和丰枯期调度的任务重，灾害频发，影响生产，加大社会生产力的消耗。流域内山高坡陡，耕地极度缺乏，农业很难扩大再生产。存蓄性差，降雨流失迅速，灌溉性农业经常因缺水使农田受旱，难以发展，这是岷江上游流域农业生产长期停滞不前的重要自然因素。另外，航运也因水位落差大而难以发展。

1.2.2　岷江上游流域水资源的需求与供给

水资源作为一种社会需要的自然资源，根据需求的必要和供给的可能实现自然状态的均衡。同时，水作为一种经济资源，作为一种商品，又要求以价格为尺度，实现需求和供给的经济均衡。这是岷江上游水资源从无偿使用转移到商品化过程中，必须探讨的问题。

---

[1] 杨朋，宋述军. 岷江流域地表水水质的模糊综合评价[J]. 资源开发与市场，2007，23(2)：238-241.

1. 岷江上游流域水资源的需求

岷江上游流域水资源的需求管理，应积极满足有效需求，控制无效需求，在动态均衡中把握水资源与社会经济的需求矛盾。

水资源经济需求函数为

$$Q_d = F(P_w) \tag{1-1}$$

式中，Q_d 为水资源需求量；P_w 为水的价格。表述水的需求量 Q_d 随水的价格 P_w 变化的规律，其函数图形如图 1-1 所示。

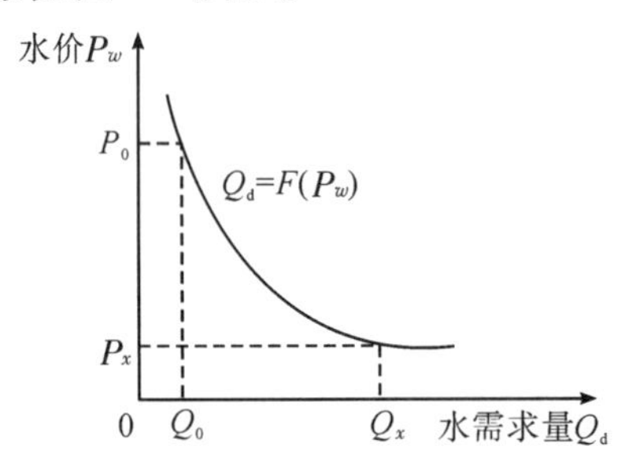

图 1-1　水资源经济需求曲线

2. 岷江上游流域水资源的需求增长和增长极限

随着社会经济的发展，水资源的需求是增长的，但水资源又是有限的。因此，社会经济的水资源需求的增长，由于受到水资源供给的制约而存在一个极限：

$$\lim q(t) = m_0 \tag{1-2}$$

我们把社会经济的水资源需求量看作是时间的函数：

$$Q_d = q(t) \tag{1-3}$$

社会经济的水资源需求增长趋势如图 1-2 所示。

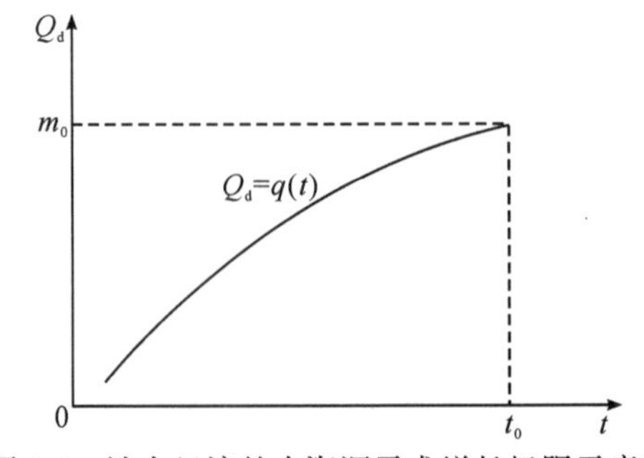

图 1-2　社会经济的水资源需求增长极限示意图

从岷江上游流域来看，多年总径流量为 158 亿 m^3。假设水电对径流水资源的利用率为100%(不考虑蒸发)，岷江上游各电站的水资源需求按此设计。根据《阿坝州国民经济和社会发展“十二五”规划纲要》(草案)，在岷江上游干流规划13级，总装机容量约200万kW。因此，2012年，岷江上游流域水电的水资源需求达到最大值，低于极限值(395万kW)。工农业生产和人民生活对径流水资源的利用率为60%，根据对岷江上游流域5个县的调查，2012年，每万元GDP耗水量为260 m^3，岷江上游流域当年地区生产总值58亿元，折合生产生活水资源需求1.5亿 m^3。在一段时间内水资源需求量将随GDP的增长而自然增长。需要说明的是，由于水电生产只消耗水的能量，不消耗水的质量，发电以后的水量仍可以提供给生产生活使用。因此，生产生活用水的需求曲线 B_d 在水电用水的需求曲线 A_d 以下。

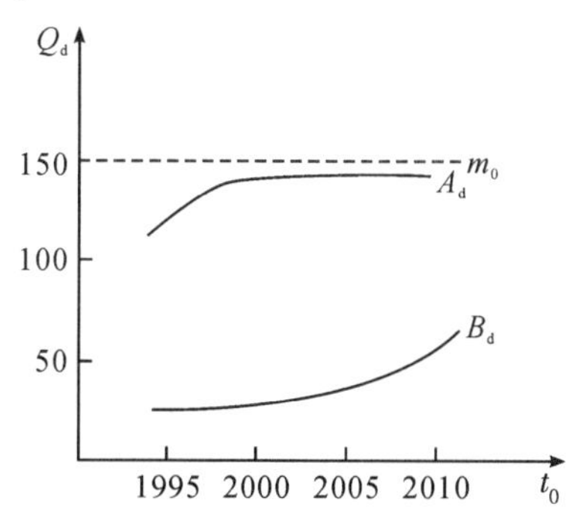

图1-3　岷江水资源需求增长及增长极限示意图

注：水需求量用 Q_d 表示；t_0 表示年份；水电的水需求曲线用 A_d 表示；生产生活的水需求曲线用 B_d 表示；水需求增长极限用 m_0 表示。

3. 岷江上游流域水资源的供给

岷江上游流域水资源供给满足社会经济可持续发展的多方面有效需求，提高流域全社会的水资源利用水平和配置水平。

水资源经济供给函数为

$$Q_s = F(P_w) \tag{1-4}$$

式中，Q_s 为水资源供给；P_w 为水的价格。表述水的供给量 Q_s 随水的价格 P_w 变化的规律，其函数图形如图1-4所示。

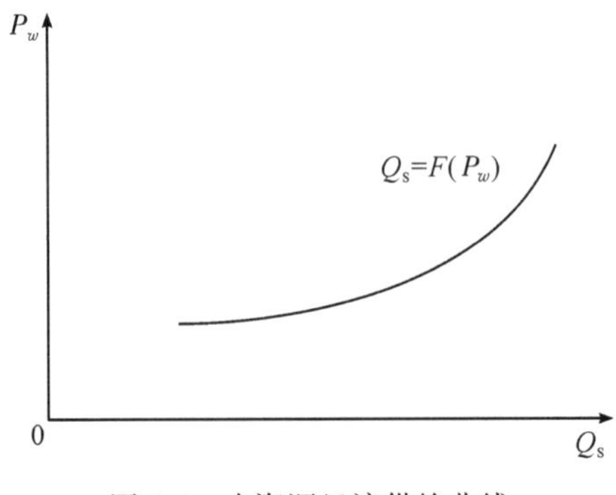

图 1-4　水资源经济供给曲线

4. 岷江上游流域水资源的供给增长和增长极限

水资源是有限的可再生资源，社会经济的水资源开发与供给随时间发展变化，水资源供给增长存在一个极限：

$$\lim q(t)=n_0 \tag{1-5}$$

水供给增长极限用 n_0 表示，我们把社会经济的水资源供给看作是时间的函数：

$$Q_s=q(t) \tag{1-6}$$

社会经济的水资源供给增长极限如图 1-5 所示。

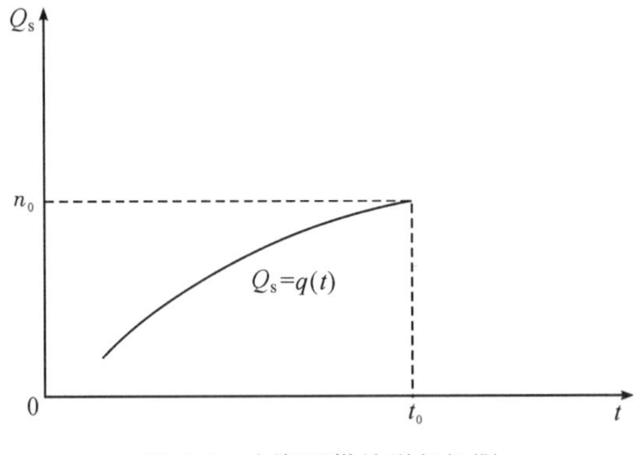

图 1-5　水资源供给增长极限

1.2.3　岷江上游流域水资源的经济均衡

分析水资源的需求与供给极限，我们应首先考虑供给的稳态递减性和需求的动态增长性矛盾，这里的需求包括生态需求、生产需求、生活需求，因此，实现岷江上游流域水资源的均衡是解决水资源供需矛盾的主要途径。

1. 岷江上游流域水资源与流域经济社会之间的供需均衡

岷江上游流域的社会经济发展必然对岷江上游流域水资源产生新的需求，应当增加自然界提供水资源的有效供给，上游源头地区的生态涵养和保护必须给予补偿，即人们应向自然界提供开发、利用、保护的供给，满足自然界长期保持水资源所必要的需求措施。

岷江上游流域水资源的供给，既要从水量资源、水能资源、水体资源三方面满足岷江上游流域社会经济发展的直接需求，还要满足成都平原乃至长江流域社会经济发展的间接需求。岷江上游流域社会经济的发展，又必须从水资源的合理开发、有效利用、全面保护等三方面提供，以满足维持岷江流域水资源长期、稳定、优质所必要的需求。这种人类社会与自然资源的供需均衡是岷江流域水资源经济的基础。在此用图 1-6 表示其均衡。

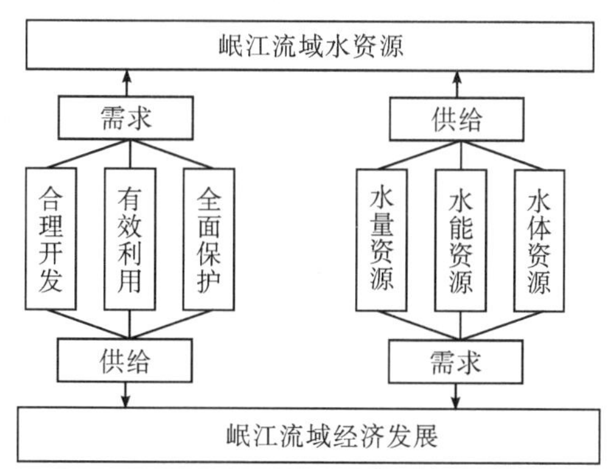

图 1-6　岷江流域社会经济与水资源的供需均衡

2. 岷江上游流域水资源价格均衡

水资源是构成生态环境的基本要素和人类生存与发展不可取代的重要资源，同时，水资源又是具备稀缺性的公共自然资源，流域生态保护的外部性效应促使水资源在市场经济条件下，水的价格将成为调节水资源供求的杠杆[1]。目前，岷江上游水资源的安全及生态环境受到威胁[2]，岷江上游水资源需求与供给的均衡将在均衡价格下实现。水资源的价格均衡见图 1-7。

[1] 有学者提出建立水权交易市场来优化配置水资源，课题组成员认为，在中国建立符合经济基础和水资源特点的水权分配市场，是个复杂而艰难的过程。详见丁国庆，董少君．水权的理论与实践[J]. 科技信息，2008(3)：391.

[2] 王渺林，郭丽娟，高攀宇. 岷江流域水资源安全及适应对策[J]. 重庆交通学院学报，2006，25(4)：138-142.

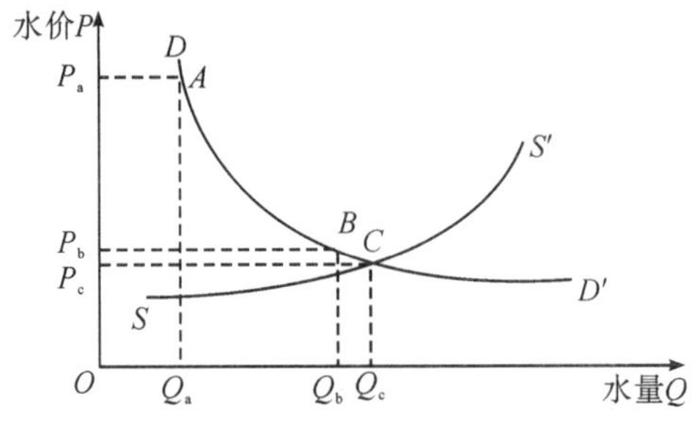

图 1-7　水资源价格均衡

水的价格由水的供求均衡决定，图 1-7 给出了水的需求曲线和供给曲线。在需求曲线的 A 点上，人们愿意为他们生命所必需的水支付较高的费用 P_a。但在超过了 B 点以后，人们对于所增加的水几乎不再愿意支付任何费用。世界上大多数有人居住的地方，水是容易得到的，因此，总能以较低价格得到水的充分供给。在正常情况下，水的供给曲线与需求曲线在 B 点的右边 C 点相交。这是由水的供给充分和人们对水的消费倾向导致的。因此，得到的是较低的均衡价格 P_c。当然，在沙漠中，水的供给是极其有限的，水的价格也可能升到非常高的水平。Q_a 为生存必需的水量，超过 Q_b 的水量使用价值有限。Q_c 为均衡水量，P_c 为均衡价格。在均衡点 C，均衡价格 P_c 时的均衡水量为 Q_c。

1.3　岷江上游地区的生态特征探析

"5·12"汶川大地震是新中国成立以来强度最大、损失最惨重、波及范围最广而且援救最困难的一次地震。民政部《汶川地震灾害范围评估报告》显示，经过综合考虑受灾严重的四川、甘肃、陕西三省的实际情况，将汶川地震灾区部分县(市、区)确定为极重灾区、重灾区、一般灾区，其中极重灾区和重灾区为灾后恢复重建国家规划范围。岷江上游地区 5 县中汶川属于极重灾区，其余 4 县均属于重灾区。因此，岷江上游地区作为长江上游生态屏障的重要组成部分，作为极重灾区和重灾区，其灾后重建和生态修复状况直接关联我国长江中上游地区的可持续发展战略进程。

1.3.1　岷江上游地区面临的基本生态问题

1. 自然资源严重受损，生态系统遭受破坏

岷江上游地区地处长江源头区域，是重要的水源涵养地和水土保持区，地震和频繁发生的山体滑坡、泥石流、堰塞湖等次生灾害，使原生林草植被、野生动物栖息地等自然资源严重受损，“两大工程”精心恢复的植被系统遭受较大破坏，部分地区已经建立的人地系统平衡再次受到摧毁，森林、草地、湿地等生态系统遭到严重破坏。

2. 敏感地带日渐增多，生态环境更加脆弱

岷江上游地区原本就是以干旱河谷为基带的一类较典型的脆弱生态系统，这是由于本地特殊的气候条件、地质地貌条件为基底产生的原生脆弱性，加上人为活动的胁迫性影响而导致的次生脆弱性交互作用的结果。地震发生后，岷江上游地区生态环境总体上随时间推移由低脆弱型向高脆弱型演进进程加快，极高敏感和高敏感区域面积加大[1]，生态不稳定性因素增多，结构型脆弱度和胁迫型脆弱度均有所上升。

3. 森林退缩，水土流失，生态功能严重退化

岷江上游地区遭受大规模采伐森林后，森林资源大量锐减，林龄结构不良，森林环境退化和林区生物多样性的减少，尤其是原生林木的急剧减少，使上游地区水源涵养力和动植物种数急速下降。大地震形成的地质变化及次生灾害，使得该地区山体裸露，河道受阻，干旱河谷逐步扩大，河流径流减少(断流次数及时间增多)，水文变化加剧，土壤侵蚀增加，土地地力下降，生态功能日趋退化。

4. 乱垦过牧，鼠虫灾害，生态草原加剧恶化

岷江上游地区草场仍然停留在靠天养畜、自然放牧状态，鼠虫成灾和人为破坏，乱采乱挖药材，可利用草场面积减小，草种变异，毒草侵入，优草种类分布变小，草地肥力减弱，更新能力降低，以及放牧规模过大，超载过牧和畜群结构的不合理加重了草地生态系统的功能失调，加剧了草原环境明显恶化的势头，使得草地退化和沙化现象十分普遍，触目惊心。

5. 珍稀物种面临威胁，生态区域濒临危机

岷江上游地区是大熊猫、金丝猴、四川红杉等多种国家珍稀动植物的重要栖息地和世界自然保护区和自然遗产分布区。地震灾害直接造成野生动植物的重大伤亡，生物链结构改变，有的物种面临灭绝的危险。大熊猫栖息地因灾毁坏，食物链受损，直接威胁到大熊猫的安全和健康。由于滑坡、泥石流等次生灾害，局

---

[1] 赵兵. 基于GIS技术的汶川县生态敏感性分析[J]. 西南大学学报(自然版)，2009，31(4)：148-153.

部区域系统的连通性大大降低，大熊猫栖息地面临隔离危险，容易形成“生殖孤岛”而不能进行有效基因交流。

6. 城乡环境问题突出，工农业污染严重

岷江上游地区经济发展相对落后，城镇基础设施严重滞后，城市化进程缓慢。城镇多集中于干旱河谷地带，地势狭窄，土地的有效利用和城镇的规模扩展受到限制，导致人口与产业的空间布局分散，公共设施、基础设施和服务供给难以形成规模效应。该区部分县及集镇无垃圾和污水处理设施，地震导致部分环保企业无法正常运行。节假日旅游景区游客猛增，导致景区环境和水体受到污染。工业三废排放十分严重，部分设备简陋，技术落后的高载能企业成为污染大户。农业生产废弃物和畜禽养殖污染加重，点源和面源污染不断扩大。

7. 水资源综合利用水平低，枯水期供需矛盾突出

岷江上游地区水资源缺乏统一管理，水利水电工程不配套，难以充分发挥水资源的利用效益。农业与工业、生产与生活用水与水源工程之间难以进行有效的统一调度，各行其道，各自独立。流域范围的水电企业缺乏科学管理，沿途干支流大小电站星罗棋布，且多为径流引水式电站，导致河段干涸，形成断流，水生生物受到严重影响。各水电站普遍在开发过程中防洪(蓄水)功能上考虑不足，功能单一。从水资源经济分析，岷江上游流域水资源如果长期在极低的水价下(几乎是无偿使用)实现较大水量上的供需均衡，必然会加快水资源危机的到来。由于水资源利用与配置错位，枯水期经济用水挤占生态用水，灌溉农业的春旱问题突出，严重制约土地利用和农业生产。

1.3.2 岷江上游地区生态问题的形成机理

岷江上游地区上述生态问题除了大地震灾害这个突发因素以外，地质地貌等引发的生态环境问题和人类社会经济活动也是一个重要原因，两者之间有着怎样的关系。通过我们对贫困落后地区进行分析，发现普遍存在这样的现象：因为贫困，人们无力解决自己的生态环境问题(更不用说为别人)；因为贫困，人们又难以有效制止自己对生态环境的破坏行为；因为生态环境遭到破坏，人们的生活更加困难，脱贫致富的路径更为狭窄。如何逃出这个怪圈，解决西部贫困落后地区的生态环境问题和经济发展滞后问题，贫困地区要摆脱贫困落后的面貌，必须解决好人口、环境和经济发展的关系。

1. 长期贫困循环的基本概念

早在1953年，美国经济学家纳克斯就提出了“贫困恶性循环”理论。他认为，发展中国家和贫困落后地区之所以长期贫困，主要是存在着相互联系、相互作用的恶性循环，这种恶性循环表现在两个方面：即供给与需求方面。从供给方面形成“低收入→低储蓄能力→低资本形成→低生产率→低产出→低收入”的恶性循环；从需求方面形成“低收入→低购买力→投资引诱不足→低资本形成→低生产率→低产出→低收入”的恶性循环。该理论指出“资本形成不足是发展中国家陷入长期贫困的根源”，主张大规模增加储蓄，扩大投资，形成各行业的相互需求，使恶性循环转为良性循环。

“贫困恶性循环”引起了广泛的争议，有不少人质疑其供给和需求的循环是否成立。随着研究的进一步深入，Grant于1994年提出长期贫困循环理论，最初用于分析贫困落后地区贫困与环境退化之间关系的一种理论模式(PPE模式)。长期贫困循环是指贫困(poverty)、人口(population)、环境(environment)之间所形成的相互影响、互为因果的一种关系，更具体地说它是指在贫困落后地区广泛而深刻的“贫困一人口增长一环境退化”的贫困循环现象及形成机理。如图1-8表示出长期贫困怪圈的形成模式。

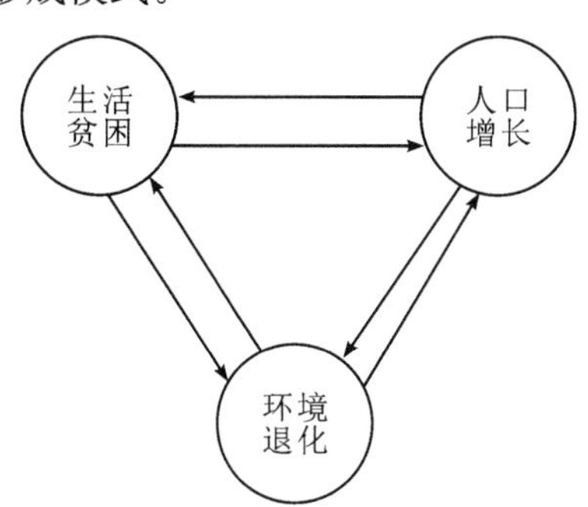

图1-8　长期贫困循环模式

该理论认为：因为随着人口的过度增长，在人类现有的开发能力下所能利用的环境与资源不足以满足人们需要的时候便产生贫困，同时也产生环境问题。对于贫困的人们来说，眼前的生存需要压倒长远的环境保护的需要；对环境问题的无知，对当前行为长期后果的无知，必然会产生环境的恶化，使生存条件和土地生产力下降，疾病增多，人口素质下降。

2. 长期贫困循环的形成机理

厉以宁等[1]对贫困恶性循环的形成机理进行了仔细的分析。就贫困落后地区而言，造成其贫困的因素是多方面的，如恶劣的自然生态条件、稀缺的自然资源、偏远的经济发展区位等因素和人口相对过剩、人口素质低下等关键影响因子。贫困与恶劣的生态环境和人口素质的低下不无关系。聂华林等[2]则进一步指出：“在贫困落后的西部地区，人口的过度增长以及不科学的农业生产方式和农民的生活方式是形成其贫困和生态环境退化的基本动因。”

可以这样分析，当人口的过快增长使人口规模达到一定的程度以后，人均资源量就会显著减少，尤其是与人类生存发展紧密联系的人均土地、住房和水等资源量就会明显减少，造成对土地等资源需求压力增大和人均收入的大量减少，使失业人口增多，加之社会发展的基础设施的严重不足，从而导致贫困的发生。随着贫困的加剧，人们的健康状况和生活质量下降，即会导致人口的高死亡率，又会导致高出生率。这就是人们常说的“越穷越生，越生越穷”现象。因此，对于贫困落后地区而言，贫困、人口、环境三个因素是相互影响和相互制约的。资金的不足和生产能力的低下是贫困落后经济的主要特征，发展资金的不足又使其陷入贫困落后的境地而难以自拔。

3. 走出岷江上游地区长期贫困循环之思考

岷江上游地区贫困人口较多、人口相对过剩、自然环境脆弱敏感、经济文化相对落后、人口更加贫困，从而形成“贫困—人口增长—环境退化”长期贫困循环。因此，岷江上游地区要发展，就必须走出怪圈，打破环境恶化与贫困、人口增长的贫困循环。

首先，在长期贫困循环模式的三个影响因素中，岷江上游地区需要在控制人口增长的基本国策下实现少生优生优育。由于国家的民族生育政策较为宽松等多方面因素影响，该地区的人口增长率较高，造成局部区域人口密度过大，人地矛盾突出。其次，扼制环境退化，改善岷江上游地区脆弱的生态环境，以及促进人们科学合理地开发利用自然资源，土地生产率将得到提高，人们的生活水平将得以改善，同时，由于岷江上游地区生态环境在全省全流域具有战略性意义，因而，受其影响的成都平原和中下游地区的灾害就可以得到缓解甚至根除。再次，

[1] 厉以宁.区域发展新思路[M].北京:经济日报出版社,2000.

[2] 聂华林,高新才,杨建国.发展生态经济学导论[M].北京:中国社会科学出版社,2006.

作为第三个关键性因素，岷江上游地区如果能够摆脱贫困，那么，一方面，岷江上游地区就可以有较充足的资金用于生态环境的恢复与保护，人们也能自觉维护生态平衡，从而改善岷江上游地区的生态脆弱状况，扼制生态恶化；另一方面，随着人们生活质量的提升和健康状况的好转，也可进一步降低岷江上游地区的人口增长率。

所以，岷江上游地区的生态保护和人们的脱贫致富历程，都属于岷江上游地区走出长期贫困怪圈这一系统工程的关键性因素。人口、环境与经济这三个因素，互相联系又互相制约，互为因果又互相影响，只有用区域经济学、生态经济学与可持续发展相互结合，才能寻求恰当的切入点，促使岷江上游地区走出长期贫困循环怪圈，推动区域经济发展。

这个切入点可以从岷江上游地区现存的经济发展方式和资源利用状况来进行考虑。一方面，岷江上游地区部分地区一味追求经济效益，违反生态规律的基本原则，经济活动建立在损害生态环境的基础上，形成了“黑色经济”和“白色经济”，造成江河断流、森林草地退缩、资源枯竭等状况，“绿色经济”和“低碳经济”不复存在。另一方面，资源被严重低估或没有考虑其经济价值，将自然资源当作免费使用的自由物品，出现了“公地悲剧”和“公海悲剧”，造成土地退化、植被锐减、资源浪费等状况，“青山绿水”和“金山银山”消失殆尽。

1.3.3　岷江上游地区生态分区

从经济分区的角度来看，主体功能区突出了国家对区域发展的总体要求，生态功能区突出了国家对区域发展的生态方面要求，生态经济分区强调自然生态系统与人类经济系统的协调演进诉求。从促进区域政策协调的角度看，推进形成主体功能区的区域政策分类要重点强调制定实施区域政策的政府部门和区域政策所针对的区域问题这两大依据[1]。因此，生态功能区应服从于相应的主体功能区指导，生态经济分区应服从于前两个方面功能区定位并着重反映生态经济系统的内在规律性和差异性。至于流域生态经济分区，它是人们对客观存在的流域生态经济系统特征认识的反映，是对生态经济要素和生态经济活动在流域空间存在状态的分类[2]。

1. 岷江上游地区生态分区依据与定位

依据“全国主体功能区”、“四川省主体功能区”、“全国生态功能区划”和

[1] 杜黎明. 推进形成主体功能区的区域政策研究[J]. 西南民族大学学报，2008，29(6)：241-244.
[2] 包晓斌. 流域生态经济区划的应用研究[J]. 自然资源，1997，19(5)：8-13.

“四川省生态功能区划”对阿坝州的基本定位，确定阿坝州的主导生态功能是生物多样性保护、水源涵养等生态调节功能，同时阿坝州还被列入“川西北高原低度人类活动农牧生态经济区”[1]。在阿坝州生态功能区划方案中，岷江上游地区的松潘、黑水被列入东北部生物多样性保护及旅游发展生态功能区，属于四川省重要的旅游基地和矿产资源基地；岷江上游地区的汶川、理县、茂县被列入岷江河谷城镇工贸生态功能区，属于国家级自然保护区、四川省重要的旅游资源和自然资源富集区和阿坝州工农业发展集中区。岷江上游地区在四川省生态功能区划中属川西高山高原亚热带—温带—寒温带生态区，包含了龙门山地常绿阔叶林—针叶林生态亚区和岷山—邛崃山云杉冷杉林—高山草甸生态亚区两个生态亚区。岷江上游地区生态经济区划只能在生态功能定位的基础上进行，在服从该地区生态功能的范围内反映自然生态环境地域分异规律、劳动地域分异规律和技术系统的分异综合作用。在确立了岷江上游地区生态经济分区的依据与定位后，该地区的分区还应当符合流域生态经济分区的基本原则。

2. 流域生态分区的基本原则

流域生态分区应基于该流域生态结构与资源利用状况，从流域生态功能的总体要求出发，识别并明确划出对生态环境保护和经济发展具有重要意义的区域。

(1)综合性与主导性相结合的原则。生态分区除考察自然因素外，还要考虑社会和经济因素。自然环境的变化往往比社会经济的发展变化相对迟缓，相对稳定。因此，生态区域的划分应按照各种因素可改变的程度进行预测，以便加以区分。

(2)自然生态环境条件的相似性与差异性原则。在进行生态分区时，保证各区分类单元自然生态环境条件基本一致，有利于正确地判别流域内生态经济结构和功能的相似与差异性，进而找出改善生态经济系统的有效途径。

(3)流域发展方向的相对一致性原则。由于各流域段的生态环境状况和社会经济状况的差异，通过研究流域发展的基本规律，揭示所在区域综合发展方向，制定与之相配套的措施，使环境建设、资源利用和经济增长服务于各区综合开发治理的目标。

(4)科学性与灵活性相结合的原则。在生态分区中，应以科学的态度采用相关模型等方法来进行，因为单纯应用科学方法划分可能会带来困难或出现一些不便的情况，如经济区与行政区的大范围不重合，因此，应坚持科学严谨而不失灵

---

[1] 李斌，董锁成，李雪. 四川省生态经济区划研究[J]. 四川农业大学学报，2009，27(3)：302-308.

活的原则。

(5)灾后重建与长远布局相结合的原则。对于岷江上游这样一个特殊的受灾区域，既要考虑重建过程的短期需求，同时也要结合资源环境承载力对产业布局的限制作用，综合考虑经济社会发展的空间布局，全面推进该地区经济、社会、环境的协调发展。

3. 岷江上游地区生态分区的方法选择和指标体系建立

胡宝清[1]等论述生态分区有自上而下、自下而上(聚类分析)、两者相结合及地理信息系统(GIS)等四种方法。李斌[2]等在对四川省生态区划的研究中采用了 GIS 技术方法。周赤[3]、包晓斌[4]和王礼先[5]在对常社川小流域、晋西昕水河流域和密云水库集水区进行生态分区的研究中均采用了模糊聚类分析方法。周麟[6]等在对泥石流流域生态分区中采用了生态学与系统学相结合的新方法。在研究前期，通过《基于 GIS 技术的汶川县威州镇生态规划及灾后重建研究》[7]里对一个特定镇域范围进行了生态分区的尝试。考虑到岷江上游地区的灾后大规模重建工作正在进行，各类生态环境数据和社会经济数据的变动大，采用以 GIS 方法与聚类分析方法相结合的方式进行分区研究。

(1)对该区域自然和社会环境信息进行数字化和组合提取，形成区域生态环境现状分析和生态环境功能区划的基础数据集。主要数据源包括岷江上游地区 1∶250000DEM、30m 地面分辨率的 landsat TM 遥感影像；各县社会经济相关统计数据、城市总体规划说明书和基础资料汇编、生态环境相关统计和调查报告、地震造成的破坏情况和灾后重建情况。

(2)对遥感影像进行分类和相关变换处理，提取土地利用及土地植被覆盖信息。数字化土壤类型图、行政区划图、河流水系分布图、道路和交通图、城镇和居民点分布图等，利用 DEM 求取区域地貌分布图、坡度图、坡向图和集水区域分布图。

(3)在指标体系的选取过程中，我们设立两个综合指标——社会经济和生态

[1] 胡宝清，严志强，廖赤眉，等. 区域生态经济学理论、方法与实践[M]. 北京：中国环境出版社，2005.

[2] 李斌，董锁成，李雪. 四川省生态经济区划研究[J]. 四川农业大学学报 . 2009，27(3)：302-308.

[3] 周赤. 小流域生态经济类型区的划分[J]. 海河水利，1991，(6)：16-20.

[4] 包晓斌. 流域生态经济区划的应用研究[J]. 自然资源，1997，19(5)：8-13.

[5] 王礼先，高甲荣，谢宝元，等. 密云水库集水区生态经济分区研究[J]. 水土保持通报，1999，(19)2：1-6.

[6] 周麟，谢洪，王道杰，等. 泥石流流域生态经济分区及关键调控措施——以岷江上游干旱河谷区龙洞沟为例[J]. 山地学报，2004，22(6)：687-692.

[7] 赵兵. 基于 GIS 技术的汶川县生态规划及灾后重建研究[J]. 统计与信息论坛，2009，24(4)：48-52.

环境，四个一级指标——自然气候、生态脆弱性、综合经济水平、社会指数。选取的指标包括若干二级指标和三级指标(见表 1-10)，分别赋予其指标权重。考虑资料的可获得性和横向对比的可操作性，对数据进行标准化处理。对 5 县生态环境和社会经济指标数据进行计算，得出各县生态环境和社会经济的综合分值，然后对分值进行聚类分析，再利用 GIS 的统计分析功能和空间分析功能，得出本地区的生态经济综合分布图。

表 1-10 指标体系与指标权重值

综合指标	一级指标	权重	二级指标	权重	三级指标	权重
生态环境	自然气候	0.5	年降雨量	0.20	—	—
			年蒸发量	0.15	—	—
			年均气温	0.15	—	—
			年积温	0.20	—	—
			年无霜期	0.15	—	—
			年日照时数	0.15	—	—
	生态脆弱性	0.5	地貌特征	0.35	海拔	0.50
					坡度	0.50
			生态背景	0.35	森林覆盖率	0.35
					土壤侵蚀率	0.35
					干燥度	0.30
			地质灾害	0.30	泥石流	0.35
					滑坡	0.35
					地震	0.30
社会经济	综合经济水平	0.65	GDP	0.20	总 GDP	0.50
					人均 GDP	0.50
			财政收入	0.20	总财政收入	0.50
					人均财政收入	0.50
			固定资产投资	0.20	总固定资产投资	0.50
					人均固定资产投资	0.50
			商品零售额	0.20	总零售额	0.50
					人均零售额	0.50
			农民纯收入	0.20	—	—
	社会指数	0.35	万人中专以上学生数	0.20	—	—
			万人病床数	0.15	—	—
			人均科技经费	0.15	—	—
			城市化率	0.25	—	—
			公路网密度	0.25	—	—

(4)在分布图基础上，综合考虑四川省生态经济区划对岷江上游地区的生态经济特征定位，即将甘孜、阿坝为主体的川西北地区定义为川西北高原低度人类

活动农牧生态经济一级区，二级生态经济亚区有高原西北岷山—邛崃山高原山地农牧业生态经济区、高原西南沙鲁里山—大雪山高原山地农牧业生态经济区、高原西部高寒草甸湿地牧业生态经济区。在四川省生态经济分区的基础上，根据流域生态经济的特点，以本地经济优化发展为目标，按自然条件的相似性，传统产业的一致性，产业发展的类似性，对岷江上游地区进行生态区划。

4. 岷江上游地区生态分区方案

根据岷江上游地区的水资源环境、生态产业发展条件、现有经济发展方向、城镇分布与流域范围，交通干线格局等经济要素，将区域分为三个生态功能发展区。

(1)岷江上游东北部高原农牧生态作业区。本区域位于岷江上游东北部，属岷江上游上段，主要有热务曲河、毛尔盖河和黑水河等岷江支流，包括松潘、黑水两县范围。该区生态维护功能特别重要，景区旅游资源和矿产资源极为丰富，是主要的牧区和农区。本区域重点发展特色生态旅游观光休闲业、生态农牧业、生态文化工艺加工业。

(2)岷江上游西南部沟壑旅游生态观光区。本区域位于岷江上游西南部，属岷江上游中段，主要有杂谷脑河、黑水河等岷江支流，包括理县、茂县两县范围。该区生态修复地位特殊，民族风情旅游资源和水电资源极为丰富，是岷江上游地区主要的农区和多功能服务区。本区域重点发展特色生态民俗旅游观光休闲业、生态工农业。

(3)岷江上游南部河谷工贸生态发展区。本区域位于岷江上游南部，属岷江上游下段，主要有寿溪河、岷江等流域，仅包括汶川一县范围。该区属干旱河谷典型区，生态治理及恢复作用突出，珍稀动物资源、民族风情旅游资源和水电资源极为丰富，是岷江上游地区主要的生态工业发展区、生态农业和教育服务区。本区域重点发展水电开发业、珍稀动物观光业、生态观光农业。

5. 岷江上游地区镇域生态分区实证研究

由于汶川县所在的区位特殊，地处阿坝藏族羌族自治州的咽喉要道，在岷江上游地区及州内经济社会发展中的地位十分重要，亦是灾后极重重建区，因此，在汶川县的小城镇灾后重建过程中如何高效合理地利用城镇区域有限的土地资源、充分发挥自然生态系统的服务功能、维持区域生态系统健康，是当前我们面临的一个重大问题。

威州镇位于汶川县域杂谷脑河与岷江交汇处，为汶川县的政治经济文化中心，现有3个社区、12个村民委员会。威州镇跨岷江、杂谷脑河两岸，设施日益完善，已逐渐形成阿坝州的交通集散地和教育科研基地。该镇属省级历史文化名城，川西北高原门户，九环线上重要节点，阿坝州教育科研和工业经济中心，矿产水能旅游资源丰富，为阿坝州重要工业、农业和旅游业集中发展区，属本次“5·12”大地震极重灾区。

利用威州镇镇政府提供的经济、社会、人口、土地、气候、水文和自然生态因素等资料，选用关系型数据库管理软件 Access 2000 建立属性数据库[1]。根据威州镇的资源禀赋特点及生态的主要影响因素，将土地利用生态类型分为 5 类，分别为农业用地、城镇建设用地、工业用地、村民居住用地和河流两岸等，通过各地块建立的 ID 与 ArcGIS 9.0 内部数据库进行关联。运用 ArcGIS 9.0 中的空间分析功能模块及扩展功能模块，如叠加分析、缓冲区分析等，在规划区进行生态建设环境经济效益分析等，根据分析得出的结论进行合理的生态规划。通过 ArcGIS9.0 生成的空间数据模型和生态经济协调分析，我们将姜射坝列为生态保育和限制开发区；郭竹铺—凤坪列为农业耕作功能区；七盘沟列为工业功能区；主街区(包括较场坝、桑坪)为居住集中区。

---

[1] 赵兵.基于 GIS 技术的汶川县生态规划及灾后重建研究[J].统计与信息论坛，2009，24(4)：48-52.

第 2 章　生态足迹理论研究及模型修正

2.1　生态足迹理论分析

2.1.1　生态足迹理论研究现状

随着社会的发展，在科学技术的支撑下，人类不断增长的物质需求使得自然资源的过度开发和环境污染逐年加剧，全球生态系统遭到破坏的范围不断扩大，气候变暖，沙漠面积增加等问题越来越严重，人们开始思考可持续发展。世界各国大规模贸易活动推动了地区分工的同时也加剧了发展中国家与发达国家的发展公平问题，人类才开始重新审视生态自然环境和社会发展之间的关系。

1793 年洪亮吉通过考察，看到了人口增长速度与社会经济发展速度之间的矛盾，并在其专著《意言》中，阐述了人口论思想。1798 年，Malthus 发表了人口论，认为人口在无妨碍时，将以 2 的次方几何级增长，而人类生活资料则以自然数级增长，当生活资料的增长小于人口增长时，罪恶和贫困就会发生，只有限制人口，才能维持二者平衡。1957 年，马寅初先生发表了《新人口论》，指出人口多资金少是制约国家经济发展的重要原因之一。1962 年，Carson 发表了 *Silent Spring*，人们开始关注生态系统的平衡和地球资源的合理利用，认为只有可持续发展才是人类延续发展的道路。1967 年，Borgstrom 第一次提出了“影子面积”的概念。1972 年，联合国人类环境会议第一次会议在斯德哥尔摩召开。1982 年 Hardin 和 Catton 认为人口的增长已经超过了地球自身的承载力，Catton 在《透支——革命性变化的生态基础》中进一步发展了 Borgstrom 提出的“影子面积”的概念，这一概念与生态足迹的概念极其类似。1987 年世界环境与发展委员会(WCED)在《我们共同的未来中》提出了可持续发展的概念。1992 年，人类环境会议在里约热内卢召开，可持续发展指标体系的构建成为全球热点研究的内容。同年，Daly 提出了可持续经济福利指数，Cobb 提出了真实发展指标等一系列直观、易于操作的衡量持续发展的指标体系、评价方法及理论模型[1]。20 世纪末，加拿大学者 Rapport 认为[2]，人类不可持续的资源索取，将使得生态系统不再为人类居住的地球环境提供生命支持的系统。

随着人类对生态环境破坏加剧，生态系统失衡，人类将面临新一轮生存与发展的严峻挑战。如何有效评价人类对资源的有效利用，成为研究可持续发展的重要课题，生态足迹的理论模型正是在这一背景下产生和发展起来，逐渐成为各国学者和政府部门研究社会资源可持续发展能力，衡量国家或地方可持续发展的重要工具之一。

2.1.2 生态足迹的概念及其内涵

1. 生态足迹(ecological footprint)

生态足迹概念是 1992 年加拿大生态经济学家 Rees 提出，1996 年 Wackemagel 在 Rees 的基础上对此概念进行完善。生态足迹是在一定生态系统承载力的条件下，生态系统对人类资源消费和废物消纳的一种计算分析方法。该方法通过估算一定地域人口所消费的资源以及消纳所产生的废弃物需要的生物生产性土地面积的大小，并与这一特定区域生态承载能力进行比较来衡量区域的可持续发展能力。Rees 教授曾将生态足迹比做“一只负载着人类与人类所创造的城市、工厂……的巨大踏在地球上留下的脚印”[3]。1997 年，Wackemagel 认为，生态足迹是一种可以将全球关于人口、收入、资源应用和资源有效性汇总为一个简单、通用的进行国家间比较的便利手段——一种账户工具[4]。2001 年，Lower 又从不同的角度，对生态足迹进行了定义：“能够持续地提供资源或消纳废物的、具有生物生产力的地域空间，它从具体的生物物理量角度研究自然资本消费的空间。”定义中可以看出，人类对自然资源的占用和消费量被生产这些资源的相对生产性土地面积所代替。这种代替关系既反映了人类对资源的依赖关系，同时也反映了生态自然环境对人类生产生活的影响。

---

[1] 蔺海明，颉鹏. 甘肃省河西绿洲农业区生态足迹动态研究[J]. 应用生态学报，2004，15(5)：827-832.

[2] Rapport D J. Ecological footprints and ecosystem health：complementary approaches to a sustainable future [J]. Ecological Economics，2000，32(3)：367-370.

[3] 李宏. 生态足迹理论及其应用研究[D]. 兰州：兰州大学，2006.

[4] Wackernagel M，Onisto L，Bello P，et al. National natural capital accounting with the ecological footprint concept[J]. Ecological Economics，1999，29(3)：375-390.

2. 生物生产性土地面积(biological productive land area)

生物生产性土地面积指地球上能为人类提供资源需求的水域和土地面积。生物生产性土地为度量不同自然资源耗费提供一个统一的标准。根据各地生产力的大小，生态足迹方法把人类消费的资源和废弃物转化成 7 种生物生产性土地面积进行计算，这 7 种土地分别是耕地、建筑用地、化石能源用地、林地、水域、牧草地、未使用地[1]。

3. 生态承载力(bio-capacity)

承载力的概念来自工程地质领域，本意指地基对建筑物负重的能力，现已成为描述发展限制程度的概念[2]。1902 年，L. Pfaundler 认为地球上 1 公顷生物生产土地的生产力可养活 5 个人。1991 年，Hardin 给出了生态容量的概念：在不损害生态系统生产力和功能完整的前提下，能够提供给人类持续利用的最大资源量和废弃物的消纳量[3]。1921 年 Burgess 和 Park 在 Hardin 研究的基础上，结合环境提出了生态承载力(ecologial carrying capacity)概念：某一特定环境条件下，某种生物个体存活的最大数量。1949 年，W. Vogt 提出土地承载力概念，认为土地承载力是生物繁衍潜力与生态环境阻力之比[4]。结合上述对生态承载力概念的描述，可以把关于生态承载力的概念概括为：生态系统自我维护和调节的能力，资源环境系统能够承载一定生物数量及其活动的能力，反映生态环境为地球提供生态服务和资源的潜力。

4. 生态盈余/赤字(ecological remainder/deficit)

生态盈余是指一定区域内，生态系统提供的生态资源和服务能够充分满足这一区域生态需求的情况，生态系统在这种情况下有很好的自身恢复能力。生态赤字指在一定区域内，生态系统提供的服务和资源无法满足这一地区人口对生态系统的索取，生态系统的供给小于人类生态系统需求的差额。生态盈余/赤字能直观地表现出生态系统和人类生产生活之间对资源和环境的供给和需求的能力。

---

[1] 师学义，王万茂，刘伟玮. 山西省生态足迹及其动态变化研究[J]. 资源与产业，2013，15(3)：93-99.

[2] 石月珍，赵洪杰. 生态承载力定量评价方法的研究进展[J]. 人民黄河，2005，27(3)：6-8.

[3] 郑军南. 生态足迹理论在区域可持续发展评价中的应用——以浙江省为例[D]. 杭州：浙江大学，2006.

[4] 王万茂，李俊梅. 规划持续性的生态足迹分析法[J]. 国土经济，2001(6)：16-18.

2.2　生态足迹计算模型及其模型修正

生态足迹的计算模型是加拿大学者 William Rees 和 Wackernagel 给出的，计算模型为

$$EF = Nef = N\sum(aa_i) = N\sum(T_iC_i/P_i),\ (i=1,\ 2,\ 3,\ \cdots,\ n) \quad (2\text{-}1)$$

其中，i 代表消费项目的类别；C_i 为第 i 种消费项目的人均消费量，kg；T_i 表示第 i 种消费项目对应生态生产性土地的权重；P_i 表示第 i 种消费产品的平均生产能力，kg/hm^2；aa_i 表示第 i 种消费项目折合成相对的生态生产性土地面积，hm^2；n 表示消费项目的数；ef 表示这一地区人均净生态足迹，hm^2/人；N 表示研究区域内总人口；EF 表示研究区域内总的生态足迹，hm^2。通过对模型的理解，研究区域的生态足迹可以用这一区域的人均生态足迹乘以研究区域的总人口来表示，因此，我们只要知道这一区域人均生态足迹，就可以算出这一区域总的生态足迹，然而，人均生态足迹可以表示为人均消费项目所折合的生态生产土地面积的总和。因此，只要算出人均消费项目的量折合成生态生产土地的面积，就能很好地算出区域内人均的生态足迹。

2.2.1　生态足迹中人均消费量计算

生态足迹分析方法是通过生态系统自身的承载力与人类消费资源和生产废弃物折合的生态生产性土地面积做对比来判断研究区域内的生态系统是否具有可持续性。根据这一理论方法，把消费项目分为两类，一类是畜牧产品、水产品、农作物产品、林木产品、水果等生物资源项目；另一类是电力、石化天然气、液化石油气等化石能源消费项目。每一种消费项目中人均消费量的计算公式：

$$C_i = H_i/N = (Z_i + I_i - E_i)/N \quad (2\text{-}2)$$

式中，C_i表示 i 种消费项目的人均消费量；H_i表示第 i 种消费项目的年消费量；N 当年人口总量；Z_i表示第 i 种消费项目的产量；I_i表示第 i 种消费项目的进口量；E_i表示第 i 种消费项目出口量。

消费项目的实际生产性土地面积人均年占用量可以用人均消费量与消费项目的平均生产能力的比值来表示：

$$A_i = C_i/P_i \quad (2\text{-}3)$$

式中，A_i为第 i 种消费项目的实际生产性土地的人均年占用量，hm^2；C_i 为第 i 种消费项目的人均消费量，kg；P_i 表示第 i 种消费产品的平均生产能力，kg/hm^2。

2.2.2　生态足迹等量化因子的确定

根据人均生态生产性土地的不同类型，结合生态足迹的消费项目分类，本书采用国际生态足迹计算中采用的权重：农业耕地为 2.8；牧草地为 0.5；林地为 1.1；建筑占地为 2.8；化石能源用地为 1.1；水域为 0.2。未利用土地主要包含沙地，盐碱地等。未利用土地未给人类提供直接的消费产品，但由于它具有生态价值，在计算生态承载力时的需要，根据各种土地类型对生态服务价值的比较[3]，把未利用土地的等量化因子取值为 0.12。

2.2.3　生态承载力计算

生态承载力的计算公式为

$$EC = ec \times N = 0.88 \times CZ \times N = 0.88 \times \sum (A_i \times T_i \times YF_i \times N), \quad (i=1, 2, 3, \cdots, n) \tag{2-4}$$

式中，EC 表示总的生态承载力；ec 表示人均净生态承载力；CZ 表示人均毛生态承载力；N 表示总人口；A_i 是人均占有第 i 种消费项目的生态生产性土地面积；T_i 表示第 i 种项目对应生态生产性土地的权重系数；YF_i 表示 i 项目的产量因子；0.88 是生态承载力的调整系数。

产量因子的计算，产量因子是为了解决各种生态生产性土地产量水平不同的问题而出现的，也叫生产力系数，区域的产量因子是该地区单位面积生物生产力与全球平均生物生产力的比值。不同的年份，同一地区各种土地的产量因子不同，产量因子受当年生物产量的影响呈正相关关系。产量因子的计算公式：

$$YF_i = \frac{\sum_{i \in U} A_{a,i}}{\sum_{i \in U} A_{b,i}}, \quad A_{b,i} = P_i / Y_{b,i}, \quad A_{a,i} = P_i / Y_{a,i} \tag{2-5}$$

式中，$A_{a,i}$ 表示全球生态生产性土地生产出的平均生物产品对应的土地面积；U 表示与土地类型相对应的生物初级产品集合；$A_{b,i}$ 表示地区生物产品 i 对应的土地面积；P_i 表示地区生物产品 i 的年总产量；$Y_{a,i}$ 表示全球 i 的平均产量；$Y_{b,i}$ 表示地区 i 的平均产量。一些土地类型提供的是单一的生物产品，因此，为了计算方便，我们把产量因子的公式简化为

$$YF_i = \frac{Y_{b,i}}{Y_{a,i}} \tag{2-6}$$

2.2.4　生态盈余/生态赤字计算

生态盈余/赤字等于土地生态承载力减去相对应的土地生态足迹，总的生态

盈余/赤字等于人均生态盈余/赤字乘以总人口。生态盈余/赤字的计算公式：

$$ER=EC-EF=N(ec-ef),\ (EC\geqslant EF);$$

$$ED=EF-EC=N(ef-ec),\ (EF>EC) \tag{2-7}$$

式中，ER 表示生态盈余；ED 表示生态赤字；EC 为总生态承载力；EF 为总生态足迹；N 为总人口；ec 为净人均生态承载力；ef 为净人均生态足迹。

2.3 生态足迹模型的应用领域

从 1992 年生态足迹概念被 Rees 提出以来，就被国内外学者广泛应用于生态经济和区域可持续发展度量的多个领域，成为辅助企业决策和政府决策分析评价可持续发展的基础。

2.3.1 生态足迹被广泛应用在生态经济的多个领域

1. 土地供求量的预测

生态足迹的计算通常需要根据区域的消费项目的数据进行推算，这些消费数据最终折合为生物生产性土地面积，学者们根据推算出的数据，结合区域实际情况，可以有效预测区域土地利用的有效性以及粮食安全等一系列实际问题，因此，生态足迹成为学者们研究粮食消费结构与土地供求之间的桥梁[1]。

2. 区域间贸易

区域之间由于人口与土地生产力水平的不同，食物需求与其他生活生产资料的需求受土地生产力的影响，使得区域之间的经济贸易越来越频繁，生态足迹在区域间流动，生态盈余区域往往与生态赤字区域进行贸易，很多学者利用这种贸易产生的数据来分析生态足迹的空间分布[2]。有研究表明，区域贸易对生态系统的威胁越来越严重，区域之间贸易类型不同，生态系统受到的影响也有差异[3]。

---

[1] Gerbens-Leenes P W, Nonhebel S, Ivens W P M F. A method to determine land requirements relating to food consumption patterns[J]. Agriculture, Ecosystems and Environment, 2002, 90: (1): 47-58.

[2] Warren-Rhodes K, Koening A. Ecosystem appropriation by Hong Kong and its implications for sustainable development[J]. Ecological Economics, 2001, 39(3): 347-359.

[3] Aadersson J O, Lindroth M. Ecologically unsustainable trade[J]. Ecological Economics, 2001, 37(1): 113-122.

3. 旅游业发展

近年来生态足迹计算模型常被用来度量旅游业发展的可持续性，不同区域间游客的流动带动了区域间的物质流、能量流等一系列能质交换。旅游目的地的消费项目结构和数量通过旅游者的带动，大量资源被游客消费掉，导致当地生态足迹出现赤字现象。尽管旅游产业的经济收入对当地经济的拉动作用显著，但是从另一方面看，旅游业对环境的破坏也是越来越明显，其中，旅游业带来的交通活动对生态系统的影响最大。

4. 水产业及其环境评价

在 2000 年，Roth 等在认真考虑了社会、经济和生态之间相互作用的基础上，运用生态足迹的计算模型为水产业构建了一个揭示其内部规律的可持续评价标准[1]。Berg 运用生态足迹的方法研究了鱼类在湖泊中生长的合理规模[2]。生态足迹在环境评价方面，Alden 等通过生态足迹模型评估了美国工业大麻的大面积种植对环境的影响，Barrett 等从公司经营的角度研究了其活动的生态足迹。因此，生态足迹模型不仅为产业资源消费和规划提供了服务，还作为学者对环境评价的工具和方法。

2.3.2　生态系统可持续发展的度量

1. 度量全球生态系统的可持续发展

从 1997 年 Wackernagel 等提交的《国家生态足迹》报告起[3]，生态足迹模型开始作为研究全球生态系统可持续发展的工具。《国家生态足迹》通过计算 52 个国家的生态足迹指出，1.7hm^2 生物生产性土地面积是全球人均生态足迹的阈值[4]，在生态系统环境不变的情况下，保持现有人口的增长率，在 2030 年左右，全球的大部分国家将出现生态赤字现象。Wackernagel 等在 2002 年把世界

---

[1] Roth E, Rosenthal H, Burbridge P. A discussion of the use of the sustainability index: ‘ecological footprint’ for aquaculture production[J]. Aquatic Living Resource, 2000, 13(6): 461-469.

[2] Berg H, Michelsen P, Troell M, et al. Managing aquaculture for sustainability in tropical Lake Kariba, Zimbabwe[J]. Ecological Economics, 1996, 18(2): 141-159.

[3] Wackernagel M, Onisto L, Callejas L A, et al. Ecological footprints of nations: how much nature do they use? How much nature do they have? [R]. United States Ageney for International Development, 1997.

[4] 蒋依依，王仰麟，卜心国，等. 国内外生态足迹模型应用的回顾与展望[J]. 地理科学进展，2005，24(2)：13-23.

上几乎所有国家1999年的生态足迹重新计算了一遍。结果显示全球人均生态赤字为0.9 hm^2，一些国家处于严重生态系统危机之中，这些国家的生态足迹超过承载力的20%左右。从1961～1999年的40年时间里全球生态足迹平均增长了80%。在1970～2000年间各类生态系统中各种生存指环境的指标下降了35%左右。联合国的世界人口预测以及资源消费等预测研究显示，到21世纪60年代左右，全球的生态足迹将严重超过生态承载力，地球生态环境系统对人类提供资源的能力将受到巨大的考验。

2. 度量区域社会经济的可持续发展

在《国家生态足迹》报告中，52个国家在1993年的生态足迹数据显示冰岛生态足迹为9.9 hm^2，是生态赤字最严重的国家，新加坡和日本的生态赤字分别排在当时的第二、第三位。中国的生态足迹情况虽然不是很严重，但按照中国人口的增长速度和自然资源的需求情况，可持续发展的道路在未来几年将变得越来越重要。所以，国内很多学者从国家和区域的角度对国内的生态足迹进行了尝试性研究。1994年起，城市的生态足迹开始被学者关注[1]，城市作为一个国家或地区人口最多和最集中的地区，普遍生态足迹大于生态承载力。Rees和Wackernagel认为几乎没有一个国家或者地区能够在不受外界的干预和资源流通的前提下实现可持续发展，这一观点在区域生态足迹的研究中不断得到印证。

1996年生态足迹作为一种度量可持续发展的方法被引进国内，2004年第一届“环境指标：生态包袱与生态足迹两岸学术交流会”促进了生态足迹在国内的广泛研究与应用。该方法被广泛应用在研究我国生态环境较为脆弱地区的可持续发展上，之后越来越多的国内学者分别从国家、区域、省级、县域等多个层次对我国的区域生态足迹进行了系统的研究。

[1] Folke C, Larsson J, Sweitacer J. Renewable resource appropriation by cities. Presented at "Down To Earth: Practical Applications of Economics"[C]. San Jose, Costa Rica: Third International Meeting of the Internatuonal Society for Ecological Economics, 1994: 29-31.

第 3 章　岷江上游生态足迹的计算与可持续发展分析

3.1　数据来源

本书计算岷江上游生态足迹的所有数据资料主要来源于以下几个方面：①直接来源于岷江上游五个县 2013 年的年鉴，分别是《黑水县统计年鉴》、《汶川县统计年鉴》、《茂县统计年鉴》、《理县统计年鉴》和《松潘县统计年鉴》。部分数据来源于阿坝州 2013 年的《阿坝州统计年鉴》和相关县志。②生态足迹计算相关的一些数据来源于地方政府部门的调查数据和相关统计数据，主要有汶川县《领导干部工作手册》，《黑水县干部工作手册》，2012 年黑水县、汶川县、理县、茂县、松潘县的城镇住户调查分析和农村居民家庭概况调查。部分数据来自政府公开发布的政府文件。③计算过程中有些相关数据根据实际情况合理折算、汇总。

3.2　数据处理分析

岷江上游生态足迹的计算涉及以下几个部分：①农业耕地生态足迹的计算，相关数据主要来自岷江上游农产品消费项目的量。②林地生态足迹的计算，主要数据来自岷江上游涉及林业和经果业产品消费项目的数据。③畜牧草地生态足迹的计算，主要数据来源于肉类产品的消费项目和动物毛皮的消费等。④水域生态足迹的计算，主要是岷江上游地区对水资源产品的消费量，根据岷江上游的情况，认为岷江上游水域的生态足迹计算数据主要来自鱼类的消费量。⑤建筑用地生态足迹的计算，主要根据岷江上游的城镇、乡村建筑面积和交通道路运输面积来进行测算。⑥岷江上游的化石燃料用地主要用天然气和能源消费项目的量进行计算。⑦生态承载力的计算，主要计算岷江上游生态环境的供给能力。⑧在计算贸易时，由于岷江上游五个县进出口统计数据搜集不足，根据实际情况，对出口商品和进口商品进行适当调整。

3.3 岷江上游2012年生态足迹计算与分析

3.3.1 岷江上游2012年生态足迹计算

根据2013年岷江上游5个行政县的统计年鉴的数据，用生态足迹计算公式对岷江上游人均占用各类型的生态生产性土地面积进行计算，得出各种生物资源土地类型的人均占用的生态足迹(表3-1)。

表3-1 2012年岷江上游地区5个县生物资源账户

土地类型	生物项目	岷江上游生物消费量/kg	全球平均产量/(kg/hm^2)	人口/人	总生态足迹/hm^2	人均生态足迹/hm^2	均衡因子	调整后人均生态足迹/hm^2
耕地	谷物	57921727	2744	395569	21108.50109	0.053362374	2.8	0.149414648
	豆类	2113297	1856		1138.629849	0.002878461		0.00805969
	薯类	4606717	12607		365.4094551	0.000923757		0.002586518
	蔬菜	26770754	18000		1487.264111	0.00375981		0.010527467
	油料	3862054	1856		2080.84806	0.005260392		0.014729098
	烟叶	80402.69	1548		51.93972222	0.000131304		0.000367651
	酒类	4589388	7196		637.7693163	0.001612283		0.004514393
	糖类	136413	18000		7.5785	1.91585E−05		5.36437E−05
草地	猪肉	5499377	74		74315.90541	0.187870903	0.5	0.093935452
	牛肉	1045361	33		31677.60606	0.080081114		0.040040557
	羊肉	147077.8	33		4456.90303	0.011267069		0.005633534
	奶类	2131722	502		4246.458167	0.010735063		0.005367532
	家禽肉	2061063	400		5152.6575	0.013025939		0.006512969
	绵羊毛	69000	15		4600	0.011628818		0.005814409
	山羊毛	50000	15		3333.333333	0.00842668		0.00421334
	羊绒	4641355	15		309423.6667	0.782224256		0.391112128
林地	茶叶	177608.1	566		313.7952297	0.000793276	1.1	0.000872603
	核桃	1014075	3000		338.025	0.000854529		0.000939981
	花椒	284093.5	945		300.6280423	0.000759989		0.000835988
	水果	4530551	3500		1294.443143	0.003272357		0.003599593
水域	水产品	500307.3	29		17251.97586	0.043613063	0.2	0.008722613
合计				*EF*=	483583.3375	1.222500594	*ef*=	0.757853808

数据来源：2013年《汶川县统计年鉴》《理县统计年鉴》《茂县统计年鉴》《阿坝州统计年鉴》《黑水县统计年鉴》《松潘县统计年鉴》。

从2012年岷江上游生物资源账户的计算得出，岷江上游干旱河谷地区2012年生物资源生态生产性土地的生态足迹为299783.47298 hm^2，人均生物资源生物生产性土地生态足迹为 0.757853808 hm^2。在计算岷江上游地区生物资源账户时，谷物主要有小麦、青稞、玉米、稻谷。干旱河谷地带不产水稻，计算稻谷时，把大米的消费量转换为稻谷的消费量。按人均消费的大米乘以区域总人口得出干旱河谷地区大米的消费量。再按照 1 kg 稻谷产出 0.7 kg 大米的比例关系，计算出岷江上游干旱河谷地区稻谷的消费量。在计算绵羊毛、山羊毛、羊绒消费量的时候，考虑到区域内人均衣服的消费，把穿衣的消费转化为羊绒的消费量，认为岷江上游干旱河谷地区为一个相对封闭的区域。在林地的计算中，由于岷江上游 5 个行政县的森林覆盖率在 40%以上，森林资源作为水源涵养地，受到保护，因此，没有把森林木材计算在消费项目中，主要计算了茶叶、核桃、花椒、水果等林业产品的消费量。水资源产品主要考虑河流中的鱼类。

计算岷江上游干旱河谷地区能源土地生态足迹账户时，用电量主要来自岷江上游干旱河谷地区黑水县、松潘县、理县、汶川县和茂县电力公司提供的 2012 年电力消费量的数据和 2013 年阿坝州的统计年鉴数据。本书采用世界上单位化石燃料生产土地面积和平均发热量为标准[1]，把电力的消费量转化为建设用地的土地面积，把灌装液化石油气和管道天然气的消费量转化为化石能源生产土地面积，计算结果见表 3-2。

表 3-2　2012 年岷江上游地区 5 个县生态足迹能源账户

土地类型	能源项目	岷江上游能源消费量/t	折算系数/(GJ/t)	折算后消费量/GJ	全球平均能源足迹/(GJ/hm^2)	人口	人均消费量/GJ	均衡因子	调整后人均生态足迹/hm^2
建筑用地	电力	94691.41	11.84	1121146.294	1000	395569	2.834262276	2.8	0.007935934
化石能源燃料土地	灌装液化石油气	10775.43	50.2	540926.586	71	395569	1.367464554	1.1	0.021186071
	管道天然气	36990.64	38.98	1441895.147	93	395569	3.645116648	1.1	0.043114283

从表 3-2 的计算结果可以看出，干旱河谷地区建设用地的净人均生态足迹为 0.007935934hm^2，化石能源燃料土地的净人均生态足迹为 0.064300353 hm^2。结合表 3-2 的计算结果，可以得出岷江上游干旱河谷地区各类土地的人均净生态足迹，通过计算，得出岷江上游 5 个行政县耕地的人均生态足迹为 0.19 hm^2；草地的人均生态足迹为 0.552630 hm^2；林地的人均生态足迹为 0.006248 hm^2；水域的人均生态足迹为 0.008723 hm^2；建筑用地的人均生态足迹为 0.007936 hm^2；

[1] Wackernagel M，Onisto L，Bello P，et al. National natural capital accounting with the ecological footprint concept[J]. Ecological Economics，1999，29(3)：375-390.

化石能源用地的人均生态足迹为 0.064300 hm²。岷江上游干旱河谷地区总的人均净生态足迹为 0.829837 hm²，地区总的生态足迹为 328257.79225 hm²。

3.3.2 岷江上游 2012 年生态承载力计算

岷江上游干旱河谷地区受季风气候的影响，大部分土地每年只有一季收成，有些土地类型的生物产品单一，因此，在计算产量因子时，耕地采用谷物产量；草地采用牛肉和羊肉的产量；林地采用水果的产量；建筑用地的标准采用黑水县耕地的产量标准；水域采用鱼的产量；未利用地产量因子取 1。通过生态承载力计算公式的计算，得出 2012 年岷江上游地区 5 个行政县的各类型生态生产性土地的产量因子，见表 3-3。

表 3-3 2012 年岷江上游地区 5 个县各类生物生产性土地的产量因子

土地类型	耕地	草地	林地	水域	未利用地
岷江上游平均产量(kg/hm²)	2163.00	24.90	2274.00	11.71	1.00
世界平均产量(kg/hm²)	2744.00	33.00	3500.00	29.00	1.00
产量因子	0.79	0.75	0.65	0.40	1:00

参照阿坝州统计局统计 2013 在《阿坝州统计年鉴》和课题组在汶川县、理县、茂县、黑水县和松潘县的实地调研收集数据资料，运用生态承载力的计算公式。计算出 2012 年岷江上游干旱河谷地区各类生物生产性土地的毛、净人均生态承载力，(见表 3-4)。在计算过程中，由于林地的面积原始数据包括近年来刚种植的新林地，在计算林地的时候，没有考虑新林地对生态承载力的影响，只对岷江上游干旱河谷核心区域 5 县的森林面积和经济林地面积进行计算分析。未利用土地主要包括沼泽、沙石地、荒地和荒山等。

表 3-4 2012 年岷江上游地区 5 县的生物生产性土地生态承载力

土地类型	土地面积/hm²	人口/人	人均面积/hm²	均衡因子	产量因子	毛人均生态承载力/hm²	净人均生态承载力/hm²
耕地	30995.33	395569	0.078356317	2.8	0.79	0.173324173	0.152525273
草地	778339.5	395569	1.967645341	0.5	0.75	0.737867003	0.649322963
林地	980599.7	395569	2.478959929	1.1	0.65	1.772456349	1.559761587
建筑用地	14111.6	395569	0.035674181	2.8	0.87	0.086902304	0.076474028
水域	65559.06	395569	0.165733564	0.2	0.4	0.013258685	0.011667643
未利用土地	320700.5	395569	0.810732135	0.12	1	0.097287856	0.085613313
总计	—	—	—	—	—	2.881096371	2.535364806

从表 3-4 的计算结果，可以看出，2012 年岷江上游地区 5 县的耕地人均生态承载力为 0.152525273 hm^2，小于耕地的人均生态足迹；草地的人均生态承载力为 0.649322963 hm^2；林地的人均生态承载力最大，为 1.559761587 hm^2，占全部生产性土地的人均生态承载力的 61.5%；建筑用地的人均生态承载力为 0.076474028 hm^2；水域的人均生态承载力最小，只有 0.011667643 hm^2；未利用土地的人均生态承载力为 0.085613313 hm^2。岷江上游地区的 5 个县总的净人均生态承载力为 2.535364806 hm^2。

3.3.3　岷江上游 2012 年生态盈余/赤字计算

如果生态承载力大于生态足迹，用生态承载力减去生态足迹得出地区的生态盈余的值；如果生态承载力小于生态足迹，用生态足迹减去生态承载力得出生态赤字的值。根据上述这种关系，把表 3-1 和表 3-2 中岷江上游地区 5 个县各类生物生产性土地的生态足迹和表 3-4 中的生态承载力相减，得出岷江上游地区各类生物生产性土地的生态盈余和赤字情况，见表 3-5。

表 3-5　岷江上游地区 5 个县各类生物生产性土地的生态盈余/赤字

土地类型	人口/人	人均生态承载力/hm^2	人均生态足迹/hm^2	人均生态盈余/赤字/hm^2
耕地	395569	0.152525	0.190000	−0.037475
草地		0.649323	0.552630	0.096693
林地		1.559762	0.006248	1.553513
水域		0.011667	0.008723	0.002945
建筑用地		0.076474	0.007936	0.068538
化石能源用地		0.000000	0.064300	−0.064300
未利用土地		0.085613	0.000000	0.085613
总计		2.535365	0.829837	1.705528
		ec=2.535365	ef=0.829837	1.705528

从表 3-5 的计算结果可以看出，岷江上游地区 5 个县的整体生态是处于盈余状态的。就各类生物生产性土地来说，耕地处于生态赤字状态，人均生态赤字为 0.037475 hm^2；草地人均生态盈余为 0.096693 hm^2；林地人均生态盈余最多，为 1.553513 hm^2；水域人均生态盈余为 0.002945 hm^2；建筑用人均地生态盈余为 0.068538 hm^2；化石能源用地人均生态赤字为 0.064300 hm^2；未利用土地人均生态盈余为 0.085613 hm^2。总的来看，岷江上游地区总的人均生态盈余为 1.705528 hm^2，生态环境的修复能力较为良好。

3.4　岷江上游 2012 年生态足迹计算结果与可持续发展分析

3.4.1　岷江上游地区 5 县的生态足迹计算结果

从岷江上游地区 5 县的生态盈余/赤字的计算结果，可以看出 2012 年岷江上游净人均生态承载力为 2.535365 hm^2，比 0.829837 hm^2 的净人均生态足迹高出 1.705528 hm^2。总的生态承载力为 1002911.7977 hm^2，总的生态足迹为 328257.79225 hm^2。从生态的需求和供给来看，岷江上游地区的生态供给大于生态需求，处于生态盈余状态，生态盈余量为 674654.00543 hm^2。从生态经济发展的角度理解，岷江上游地区的生态经济发展目前处于可持续的发展阶段。

3.4.2　岷江上游地区的可持续发展分析

整体上看，岷江上游地区的发展是可持续的，但是从各类生物生产性土地的生态盈余和生态赤字分析，部分生物生产性土地的生态承载力还需要不断地提高。在生态盈余和生态赤字的计算结果中，可看出岷江上游生态赤字的土地类型主要有耕地和化石能源用地。生态盈余的土地主要有草地、林地、水域、建筑用地和未利用土地。

从生态足迹来看(见图 3-1)，耕地的人生态足迹只有 0.19 hm^2，总生态足迹为 75158.11 hm^2，不是最大。化石能源土地的人均生态足迹 0.0643 hm^2，总的生态足迹只有 25435.23 hm^2。生态足迹最大的是草地，生态足迹占全部生态足迹的 66.6%。图 3-1 的数据呈现出岷江上游地区人类活动最频繁的区域主要有耕地、草地和化石能源用地。林地、水域、建筑用地和未利用土地的生态足迹总量只有 9061.19 hm^2，占全部生态足迹的 2.8%。

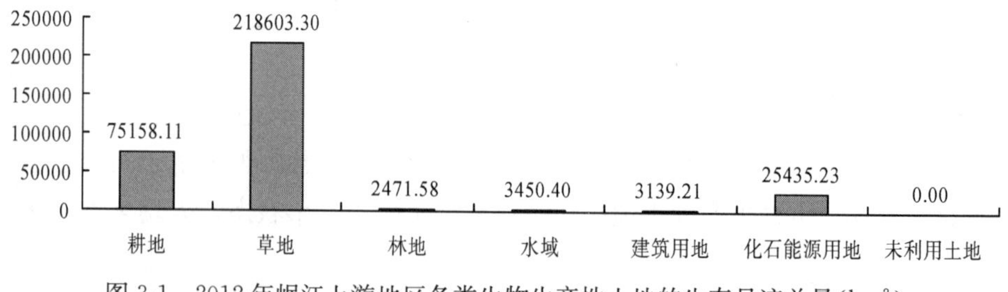

图 3-1　2012 年岷江上游地区各类生物生产性土地的生态足迹总量(hm^2)

从生态承载力分析(见图 3-2)，生态承载力最大的是林地，承载力为 616993.3 hm^2，占全部生态承载力的 61.5%。其次是草地，生态承载力为 256852 hm^2。化石能源用地没有生态承载力，即承载力为 0 hm^2。

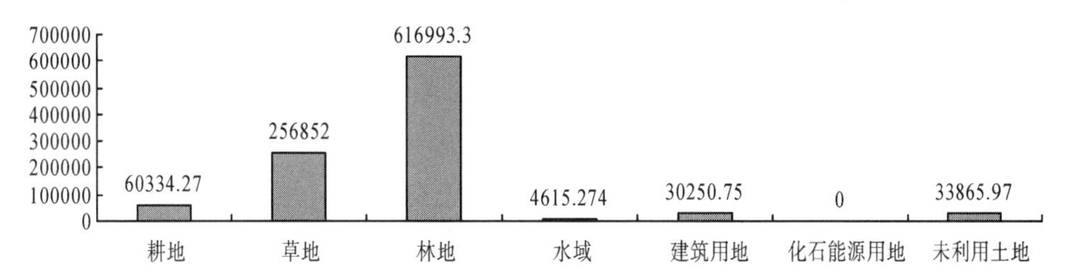

图 3-2　2012 年岷江上游地区各类生物生产性土地的生态承载能力(hm^2)

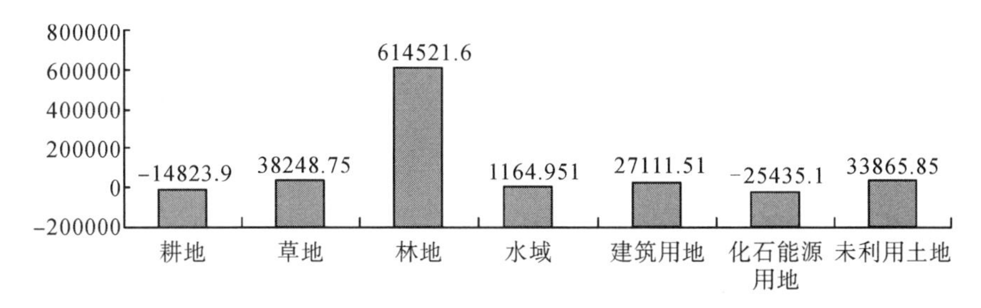

图 3-3　2012 年岷江上游地区各类生物生产性土地的生态盈余/生态赤字(hm^2)

在图 3-3 中，可以直观地看出岷江上游地区各类生物生产性土地的生态盈余和生态赤字情况，农业耕地赤字 14823.9 hm^2，结合岷江上游农业土地的使用情况分析，这结果与岷江上游地区的耕地面积有限有密切的关系。岷江上游地区由于高山峡谷面积占行政面积的 75%以上，耕地面积相当有限，而且耕地主要集中在河谷地带，土地沿河谷分布，整体耕地面积还不到行政面积的 1.5%。耕地的人均生态承载力只有 0.152525 hm^2，而岷江上游人们的人均耕地消费需求为 0.19 hm^2，要解决岷江上游地区耕地赤字问题，除了优化农业产业结构外，提高土地利用率，最主要的还是提高农业科技水平，发展适合当地土质、气候等条件的农产品，增加单位面积的产量。同时在降低生态足迹方面，提倡减少食物浪费，发扬勤劳节约的美德。岷江上游地区的化石能源用地处于生态赤字状态，分析岷江上游化石能源的赤字问题，首要的因素在于岷江上游地区的能源资源缺乏，这一区域在新中国成立前，由于没有天然气、石油等化石能源，当地人的主要能源来自山上的木材，随着时代的发展，交通道路基础设施的不断完善，人们开始使用天然气和石油燃料代替木材作为人们生活的主要能源。2012 年，岷江上游地区对化石能源的消费总量为 47766.07 t。然而，岷江上游不产化石能源，因此导致化石能源的生态承载力为 0 hm^2，使得 2012 年全年化石能源用地生态赤字为 25435.1 hm^2。要降低这一地区化石能源用地的生态赤字，减少化石能源的消费，发展生态能源代替传统能源是重要的手段之一。

在生态盈余方面，林地的生态盈余最多，分析林地生态盈余的原因，一方面，在计算林地生态足迹的时候，由于只计算了岷江上游人们消费水果、经济林木的量，而森林资源受保护，没有找到消费森林资源的数据量，所以人们对林地的生态足迹只有 2471.58 hm^2，岷江上游的生态面积占行政面积的 40%以上，所以计算生态承载力时，林地是所有生物生产性土地中生态承载力最大的。

丰富的森林资源不仅对修复环境有很大的益处，同时在调节区域气候方面，也起到重要的作用。草地生态盈余 38248.75hm^2，仅次于林地。最近几年，由于加强了岷江上游生态环境的保护，草原植被恢复比较明显。2008 年汶川地震后，岷江上游的草地植被一度遭受严重的破坏，岷江上游山体滑坡的自然灾害发生概率增加。随着政府加大植被恢复的投入，最近几年岷江上游草原环境逐渐改善。畜牧业离不开生态环境的恢复，2012 年，岷江上游干旱河谷核心区域的 5 个县牧业总产值 56145 万元，比 2011 年增加了 25%，畜牧经济占岷江上游农村经济总产值的 33.12%，畜牧业的快速发展，不断影响岷江上游草地生态的承载力，岷江上游地区牧业要健康快速的发展，首先应该权衡这一地区草地生态环境的承载力，只有在不过度放牧的情况下，岷江上游干旱河谷区域的草地生态环境和草地经济才会保持良好的可持续发展。

岷江上游干旱河谷地区未利用土地的生态盈余是 33865.85 hm^2。未利用土地包含荒地、荒山和沼泽地等，荒地、荒山等土地不为人类提供消费的生物资源，但是在稳定生态环境等方面有着重要的作用；沼泽地对于水体净化，水土涵养等方面有着积极的作用。因此，未利用土地对于生态环境的恢复有着良好的促进作用，而人类一旦破坏这些土地，将很难恢复。所以，要加大力度保护未利用土地，促进生态环境的良性发展。岷江上游地区建筑用地也处于生态盈余过程中，生态盈余为 27111.51 hm^2，建筑用地的产量因子主要采用了黑水县建筑用地的产量因子，岷江上游地区藏族、羌族少数民族较多，建筑主要体现少数民族风格，很多建筑材料因地制宜，对钢筋水泥的需求小于对石材和木料的需求。计算建筑用地的生态足迹采用了区域的用电量，从用电量来看，岷江上游干旱河谷区域的用电量为 77047.53 万 kW · h。

岷江上游水域的生态盈余在盈余中相对减少，只有 1164.951 hm^2。岷江上游水资源较为丰富，由于水电的开发，岷江上游干流将规划 13 级电站，总装机容量约 200 万 kW，现已建成 7 级，装机容量为 80 万 kW。水电在带动国民经济发展的同时也引发了一些生态环境保护与社会经济发展矛盾的问题，在干旱河谷这一生态脆弱和敏感地区就更为突出。岷江上游沿岸大部分区域属干旱河谷地带，降雨量少，蒸发量大，山高坡陡，植被稀疏，水土流失严重，自然生态系统十分脆弱，滑坡、泥石流等山地灾害也时有发生，在该区内进行水电开发等大型工程项目就使得该区生态环境面临的形势更加严峻。水电开发不仅截流了水资源，影响水资源的正常分布，同时对河流中水生物的生长与发展也有很大的影响。水电开发在水资源的正常分布上被人为的干预，水体污染随着人为干预不断加剧，河流中的鱼类等水生物的数量也逐渐较少。据有关学者的调查，岷江上游的鱼类已经从 20 世纪 50 年代的 40 种下降到如今的 16 种，国家二级保护鱼类虎嘉鱼已经在汶川河段消失 10 多年了。

第 4 章　生态屏障建设的内涵与研究进展

4.1　生态屏障建设的内涵及特征

4.1.1　生态屏障建设的内涵

随着公众对生态环境质量要求的不断提高，政府对生态环境的保护也越来越重视，特别是 2008 年环境保护部提出的《全国生态功能区划》，对“生态屏障”的生态功能认识得到进一步提升。目前，国内生态屏障研究主要集中在以下几个方面：

第一，生态屏障内涵研究。目前，国内学术界结合了自身研究对生态屏障概念进行了相应的探讨。如杨冬生认为“生态屏障是一个物质能量良吐循环的生态系统，它的输入、输出对相邻环境具有保护性作用”；潘开文认为“生态屏障就是指在一个区域的关键地段并且具有良好结构的生态系统，依靠其自身的自我维持与自我调控能力，对系统外或内的生态环境与生物具有生态学意义的保护作用与功能，是维护区域乃至国家生态安全与可持续发展的结构与功能体系”；王玉宽等人则认为“生态屏障是一定区域的复合生态系统，其结构和功能符合人类生存和发展的生态要求，强调生态屏障为复合生态系统，空间位置的相对性、对系统内或外的保护作用及其特殊需求”；陈国阶强调指出“生态屏障是指生态系统的结构和功能，能起到维护生态安全的作用，包括生态系统本身处于较完善的稳定良险循环状态，处于顶级群落或向顶级群落演化的状态；同时强调了生态系统的结构和功能符合人类生存和发展的生态要求”。

尽管学者们对“生态屏障”概念的理解和表述存在某种差异，但他们从生态系统的不同角度，探讨和揭示了生态屏障的客观本质，即“生态屏障应是一种生态系统，输出对相邻环境具有保护性作用，这一保护作用的范围既包括系统内部，也包括系统外部空间”，这种理念对协调岷江上游干旱河谷区生态社会经济发展和生态保护提供了新的选择路径。

第二，生态屏障构建尺度。目前国内生态屏障评价研究对象范围，可归纳为大尺度、中等尺度和小尺度三大类。其中大尺度生态屏障区有长江上游、珠江流域、黄河中上游，这些区域范围主要表现为跨省、跨区域，在大范围内进行物质、能量的传输，是生态屏障区；中等尺度模型代表有塔里木河、三峡库区、太湖等，主要以代表性的湖泊、库区作为其研究区域；小尺度研究区域模型代表有乌江、梅州城区等，这些主要由典型城镇区作为生态屏障构建单元；而技术研究方面从植树造林、退耕还林、封山育林等多方面着手阐述(如表 4-1 所示)。

表 4-1　生态屏障不同尺度分布状况

尺度	生态屏障区	所在省份	主要功能	构建方法
大尺度	长江中上游	四川省、重庆市、西藏自治区、青海省、云南省、贵州省	水源涵养	退耕还林
	珠江流域	广东省	水土流失	植树造林
	黄河中上游	内蒙古自治区、河南省、甘肃省、陕西省、宁夏回族自治区	水源涵养	封山育林 退耕还林
中等尺度	塔里木河	新疆维吾尔自治区	防风固沙	退耕还牧
	三峡库区	重庆市 湖北省	水源涵养 土壤保持	植树造林
	太湖流域	江苏省	水土保持	植树造林
小尺度	乌江流域	余庆市	水土保持	植树造林
	梅州流域	广东省	水土保持	植树造林

第三，生态屏障构建的实践应用。有学者从自然景观的角度出发，分别从森林、河流、湖库、草原、湿地等生态屏障的现实状况及其对策思路，并取得良好的实证研究成果；也有学者从生态屏障地形地貌状况出发，提出了构建山地、高原、平原等生态屏障，并结合当地的实际状况，进行了相应的实证研究(如表 4-2 所示)，对比研究不同地形状况下的生态屏障区域，为构建社会生态经济发展研究提供了良好的实践基础。

表 4-2　不同地形的生态屏障构建分布状况

地形状况	所在行政区域	主要功能	构建方法
山地生态屏障	内蒙古自治区	水土保持，植被覆盖	退耕还草
高原生态屏障	西藏自治区， 青海省	维护生态平衡 防风固沙，巩固国防	建造保护区 草原三化治理
平原生态屏障	保定市	防风固沙	植树造林

根据上述界定，生态屏障的内涵主要包括以下方面：①以生态系统为基础，以流域为整体管理单元作为分析尺度，并将一些与水生态环境相关的其他生态过程，如土地利用变化等纳入研究范畴。②有明确的管理目标，以流域水系为核

心，以维系生态系统的持续性、健康、完整性和服务功能为根本。③主要关注流域的结构、功能、过程，关注对象多元化，超越传统管理只注重单一要素的范畴。④将生态经济区内的社会、经济发展需求整合到生态屏障构建过程之中。在认识生态屏障内涵界定基础上，对生态屏障的目标、特点、科学基础、功能等进行总结(如表 4-3、表 4-4)。因此，对生态屏障内涵可作如下界定：生态屏障是以流域基础单元，强调生态系统的综合评价状态、结构，以及维持生态系统的健康、完整性、承载服务功能，使流域成为湖泊、陆地的生态屏障和物质能量交换通道，以期在流域尺度内实现效益的最大化和社会经济的可持续发展。

表 4-3　生态屏障区功能状况

屏障功能	水源涵养	调节与阻滞	水土保持	净化空气	生物多样性
流域上游	＋＋	＋＋	＋＋	＋＋	＋＋
流域中游	＋＋	＋	＋	＋	＋＋

注：“＋”表示该功能一般；“＋ ＋”表示该功能重要。

表 4-4　生态屏障内涵界定

<table>
<tr><td colspan="2">内涵界定</td><td>生态屏障内涵指标</td></tr>
<tr><td colspan="2">构建目标</td><td>1. 植被恢复 2. 水土保持 3. 大气污染降低 4. 生物多样性
5. 水资源合理利用与控制 6. 自然灾害控制 7. 生态安全系数提高</td></tr>
<tr><td colspan="2">内涵特点</td><td>1. 定向目标性 2. 经济符合性 3. 区域分异性 4. 功能动态性</td></tr>
<tr><td rowspan="2">科学基础</td><td>理论</td><td>1. 恢复生态 2. 保护生物学 3. 生态系统生态学</td></tr>
<tr><td>实践</td><td>1. 退耕还林 2. 天然林保护 3. 小流域治理 4. 生态农业建设
5. 自然保护区建设 6. 生态县建设 7. 自然保护区建设</td></tr>
</table>

4.1.2　生态屏障的基本特征

生态屏障特征是在分析生态系统服务功能基础上，总结生态系统自身所具有的基本特征，主要包括以下几个方面：尺度特征、整体性、动态性与不确定性、有限承载服务功能、可持续发展性。

(1)尺度特征。由于生态屏障构建是个系统工程，涉及生态、经济、社会多个方面，其特征主要表现为以下几点：①空间尺度。明确了构成生态屏障的生态系统所处的空间位置，即“某一特定区域”。因为生态屏障内涵强调一种相对位置关系，只有处于对被保护者来说是关键位置并具有被保护对象所要求的生态功能的生态系统，才能具有屏障功能，才能成为生态屏障。②时间尺度。生态屏障组成中包括的湖泊河流生态系统、陆地生态系统、社会经济系统分别有各自的时间尺度。③自然尺度。自然尺度主要涉及不同的地形单元，既有丘陵，也有平原、山地型，而这些不同的地貌类型，所对应的物质、信息、能量、价值传输途径不同，因而这些因素也将成为生态屏障构建的影响因素。④行政尺度。生态屏障区构建横跨较大范围，涉及不同的行政单元，特别是由于上级政府与地方政府间对生态屏障区目标定位存在差异，进而对生态屏障建设主体的积极性和主动性产生影响。

(2)生态系统整体性。由于生态系统和社会经济系统的研究对象和范围有所不同，而流域是融生态、经济、社会为一体的系统整体。在生态屏障构建过程中，只有将其整个流域的一定范围作为生态系统界限，才能保证流域生态系统内部之间物质、信息、能量之间的流通，从而为实现生态系统的健康性与完整性研究奠定基础。

(3)动态性与不确定性。由于生态系统和社会经济系统的都有独自的周期性或者非规律性变化，两者在时间和空间上的差异而表现出动态性特征，生态系统及其社会经济系统的动态性变化，使得在生态系统屏障构建过程中表现出极大的复杂性和不确定性，认识这一生态屏障特征，为因地制宜、因时制宜地提出生态系统管理提供了相应的理论基础。

(4)承载功能有限性。生态屏障服务功能主要以生态系统所提供的服务功能为主，主要体现在“过滤器”“净化器”“生态走廊”等作用，往往通过物质循环、能量流动和生态过程等形式表现出来。但在一定的技术水平下或一定范围内，生态系统本身所包括的湖泊、陆地、水资源、湿地、滩涂、湖滨等都有最大的上限值，即生态系统生态服务功能的最大承载力。在承载功能范围内，进行合理的资源开发利用，将不会影响生态系统的恢复功能和维持功能。因此，认识生态屏障服务功能的有限承载性对生态屏障区合理开发利用环境资源提供了指导。

(5)可持续发展的特性。可持续发展理念强调的是环境承载能力与资源的永续利用，对发展进程的重要性和必要性。生态屏障的构建就是要保证生态经济区社会经济的长久持续利用，同时强调在生态系统功能范围的生态阈值范围内，生态系统具有自维持与自调控的恢复能力，以便保持这些生态服务功能的稳定性和持久性。因而，生态系统和社会经济持续发展所需的内在要求决定了生态屏障区所具有的特征，从而实现生态经济区的生态持续、社会持续、经济持续的三重目标要求。

4.2　生态屏障建设的研究阶段分析

我国早期的生态屏障理念主要是评估对资源的开发利用可能产生的负面影

响，一般不涉及具体的政策层面。但随着改革开放的深入，社会经济的全面发展，人类开发活动的深度与广度不断扩大，随之而来的是环境问题的日益严峻，对如何构建满足不同尺度的区域生态环境保障需求显得尤为迫切。在借鉴国外经验、结合我国国情的基础上，我国的生态屏障构建理念是伴随着环境保护工作的建设逐渐完善起来的。生态屏障建设的研究发展大体上可以分为四个阶段。

4.2.1 探索阶段

1962～1981 年，是生态屏障建设的探索阶段。1962 年在环境保护工作开展初期，我国对环境规划工作十分重视，特别是植树造林和封山育林都相对比较重视，“生态屏障”更多地被赋予“绿色植被带”等概念，但对环境保护的客观规律还缺乏全面深入的了解，对生态屏障的理解更多停留在早期的绿色植被带认识基础上。

4.2.2 初期阶段

1981～1996 年，是生态屏障建设的初期阶段。人们将森林、草原等“生态绿化”等提法等同于“生态屏障”，对生态屏障的概念表现出多样性。在这一阶段人们从宏观方面来阐述了构建生态屏障的重要性，并且将森林植被绿化等同于生态屏障，有学者就从林业的地位出发，指出森林是重工业基地的生态屏障，这对于生态屏障研究发展起着良好的引领作用。

4.2.3 中期阶段

1998～2000 年，是生态屏障建设的中期阶段。1998 年长江、松花江、嫩江等特大洪水的发生，对社会经济造成了巨大的损失，不少学者认为长江生态屏障的破坏和弱化降雨的冲刷产生大量的水土流失，特别是长江中上游生态环境的破坏，使得大量泥沙俱下，是造成这次特大洪水的重要原因之一，这一事件成为人们重新认识生态屏障的转折点。进而有学者提出了通过植被恢复、生态修复等方式来恢复生态屏障功能，这使得生态环境评价成为生态屏障构建极为重要的一部分，同时也从微观角度入手研究植被、湖泊、河流对生态屏障构建的影响。

4.2.4 深化阶段

2002 年至今，是生态屏障建设的深化阶段。随着西部大开发战略、中部崛起等不断深入发展，以及人们对生态环境要求的提高，使得生态屏障的研究朝着不同植被类型、不同地貌特征发展，研究尺度、研究范围也分别朝着多尺度、大范围方向延伸：在小尺度上以铁路、公路、水库、湖泊等生态屏障构建为研究对象；在大尺度上，主要以内蒙古草原生态屏障、长江中上游生态屏障等为研究对象；在构建驱动力方面强调了生态补偿作为其重要的支持方式；在构建联动方式则强调湖泊—流域的整体性理念等。

生态屏障建设的本质就是把经济发展建立在生态环境可承受的基础之上，利用发展岷江上游干旱河谷区生态经济的成果来支持和改善生态屏障区生态环境，同时依托良好的生态环境来促进经济的持续、健康发展。梳理生态屏障构建的结构、功能和过程，以及对社会经济系统与生态屏障之间的关联进行识别和评价，才能了解生态屏障的基本内在特征，这是生态屏障构建的关键所在。就岷江上游干旱河谷区而言，生态屏障区包括各方面的对象，既有来自水域为代表的水体水生态系统，也有以陆地为代表的森林土壤系统和人类活动为主导的社会经济系统。流域作为生态屏障系统的基本单元，由河川径流为水文命脉，连接山地、丘陵、平原和湖泊，同时也是有边界的水文单位，形成了具有整体性、动态性、层级性、系统性的生态综合体，也是一个复合“社会—经济—生态”系统。

4.3　岷江上游生态屏障的地位、目标与方向

4.3.1　岷江上游生态屏障的地位

岷江上游地区是长江上游地区水资源保护的核心区域、生物多样性宝库和全流域生态安全的关键区域，成为整个长江流域和全国的生态屏障。岷江上游地区有生态环境脆弱区、干旱河谷区、林草地区、丘陵地区、国家级风景名胜区、世界级自然遗产地和世界级珍稀动物保护区等多类型区域。这里既是“5·12 汶川大地震”的极重灾区，又是长江上游生态屏障的重要组成部分，更是成都平原的水源生命线。岷江上游流域地区属于自然资源禀赋丰厚、生态地位特别重要、社会稳定引人关注、人文历史相当悠久、流域影响特别深远的流域区域。从生态足迹研究视角，站在建设流域生态文明、科学指导灾后重建、实现流域共建共享的历史高度，从岷江上游流域的资源条件和发展基础出发，研究特定流域的生态屏障建设实践，对于生态足迹理论的发展与创新、国家层面的生态平衡与生态保护、西部地区的社会稳定和经济发展具有重大的理论意义和现实意义。

1. 岷江上游是全国水资源保护的核心区域

作为长江上游较大的主要支流，岷江在长江水资源系统的地位不言而喻。据

《长江流域综合利用规划》记载，长江上游作为长江的水源区，拥有丰富的水资源，多年平均径流量达 4467 亿 m^3，分别占全流域的 48%和全国的 17%，决定着长江水资源的变化情势，左右着全国水资源利用的战略决策，是长江和全国水资源保护的核心地区。

随着岷江上游地区生态环境的不断变化，其水资源数量和时空分布状态发生了较大变化，加大岷江上游生态屏障建设工程，恢复长江上游地区良好的植被生态系统，长江上游地区就可继续发挥出巨大的涵养水源功能和作用，成为既安全又可永续利用的天然水库。

2. 岷江上游是我国生物多样性宝库

岷江上游地域辽阔，野生动植物资源十分丰富，不少动植物起源古老、独特性高，是我国重要的生物资源宝库、物种资源宝库和基因宝库。许多珍稀树种如水杉、银杉、红杉等在此生长，许多珍稀动物如大熊猫、金丝猴、小熊猫、牛羚、白唇鹿、野驴等在此栖息。为了保护岷江上游的野生动植物资源和自然景观，国家在此设立了多个自然保护区。

3. 岷江上游是影响全流域生态安全的关键区域

从历史上来看，岷江上游森林茂密，牧草茂盛，地表植被完好，覆盖度高，广大的原始森林在水源涵养、拦沙固土、调节气候、净化污染等方面发挥着重要的生态功能和作用，一直是整个长江流域生态环境维持良性循环发展的基础。近几十年由于人口增加，人类活动不断加剧，乱砍滥伐、过度放牧、陡坡开荒、过度垦殖、资源不合理开发甚至掠夺性开发致使水土流失严重。

4. 岷江上游是典型的生态脆弱带

与平原地区相比，岷江上游地区生态条件较为特殊，自然生态系统的自我保护能力和自我恢复能力相对较弱。就森林植被而言，生长在高海拔山区且经过几百年甚至上千年生长的原始森林一旦被砍伐，将因为海拔高、气候差、坡度陡、土层薄等多种因素难以重新种植和成活；这里大多数地区山势陡峭，沟壑纵横，一旦植被受到破坏，再加上连降大雨，岩性破碎，土层浅薄，必然带来大规模的水土流失，且越演越烈。

因此，岷江上游地区是整个长江流域生态安全的关键区域，岷江上游生态环境的变化极大影响着全流域生态环境的变化。岷江上游脆弱的生态环境也再次说明，进行岷江上游生态屏障建设，不仅意义重大，而且十分迫切。

4.3.2　岷江上游生态屏障建设的目标

岷江上游生态屏障建设的总体目标是构筑维护岷江流域以及长江上游持续发展和流域生态安全的生态体系。①岷江上游有利于本区域可持续发展的自然生态系统得到有效保护，其功能得到有效的发挥；②已退化或正在退化的对流域安全构成不同程度威胁的生态系统得到恢复与重建，并达到其所在自然地带客观上应该达到的水平；③部分自然生态系统虽然并未受岷江流域及长江上游地区经济活动的过多干扰，但对上游地区可持续发展和全流域生态安全构成威胁，需要按生态安全的要求进行人工改造，以达到生态屏障的指标要求。

岷江上游生态屏障建设的具体目标可包括以下几个方面：①植被恢复，森林覆盖率应提高到维持自然生态系统良性运转的水平，并且构建起山区完整垂直地带的植被谱带。②水土保持，陡坡耕地的退耕还林还草，使可以恢复的地段、地带的天然植被得到恢复，人工引发的水土流失得到控制，泥沙入江逐年减少。③大气污染降低，大中城市空气质量达到较高标准，二氧化硫、烟尘排放量、工业粉尘量减少。④水资源得到合理利用和控制，水能资源得到适度开发，水体质量达到国家标准，威胁中下游的洪水强度削弱。⑤生物多样性得到保护，濒危珍稀物种得到有效保护，自然保护区面积逐步扩大。⑥自然灾害减少，城镇泥石流、滑坡、山洪等自然灾害得到有效控制，不再发生人为引发的严重自然灾害。⑦生态安全系数提高，对不具备生存和发展生态空间的居民进行生态移民，97%以上的居民生态安全保障率达到 94%以上。

4.3.3　岷江上游生态屏障建设的重点建设方向

根据岷江上游地区的空间特征、生态敏感性、水资源环境、植被基础状况、生态产业发展条件、现有经济发展方向、城镇分布与流域范围，交通干线格局等生态承载要素，将流域分为三个生态功能区：①岷江上游东北部高原农牧生态作业区。本区域位于岷江上游东北部，属岷江上游上段，主要有热务曲河、毛尔盖河和黑水河等岷江支流，包括松潘、黑水两县范围。该区生态维护功能特别重要，景区旅游资源和矿产资源极为丰富，是岷江上游地区主要的牧区和农区。②岷江上游西南部沟壑旅游生态观光区。本区域位于岷江上游西南部，属岷江上游中段，主要有杂谷脑河、黑水河等岷江支流，包括理县、茂县两县范围。该区生态修复地位特殊，民族风情旅游资源和水电资源极为丰富，是岷江上游地区主要的农区和多功能服务区。③岷江上游南部河谷工贸生态发展区。本区域位于岷江上游南部，属岷江上游下段，主要有寿溪河、岷江等流域，仅包括汶川一县范围。该区属干旱河谷典型区，生态治理及恢复作用突出，珍稀动物资源、民族风情旅游资源和水电资源极为丰富，是岷江上游地区主要的生态工业发展区、生态农业和教育服务区。

在此基础上，经过查阅相关区域国土、林业、农业、环保等部门有关于森林、湿地、农田资源的档案资料，掌握区域内生态系统构成现状，发现森林牧草资源、水域湿地资源、农田作物资源为区域内主要的生态系统类型，并具有一定的区域连续性，可较好地体现出生态屏障效益及功能，因此基于以上三种生态类型来划分重点生态屏障区。

(1)森林牧草生态屏障建设。岷江上游三个生态功能区均有森林牧草植被资源，建设森林牧草生态屏障应当结合林草植被基础和当地实际经济发展状况，通过加强自然保护区体系建设、森林公园建设、生态公益林建设、牧草保护和退化生态系统恢复和综合整治。实现河流源头、主要集水区、水库库区、河流两岸系统保护，有效发挥森林生态效益。全面推行封山育林，保护与恢复森林植被，使生态退化区得到综合整治，有效保护林地生物多样性，构建林地生态保护体系。坚持“以草定畜、增草增畜、草畜同步发展”的原则，科学实现“畜草平衡”，加大人工、半人工草地建设，为牲畜提供充足的高产优质牧草，发展饲草饲料专营企业。加快沙化、退化草地的综合治理，遏制沙化土地扩张，采用草方格、种草种树和蓄水的方法，尽快恢复沙化土地的植被和生态。综合防治草原鼠虫害，加大灭鼠力度。

(2)水域湿地生态屏障建设。岷江上游三个生态功能区均有水域湿地资源，且湿地资源主要集中在岷江上游东北部高原农牧生态作业区范围内。水域湿地生态屏障建设主要从水域湿地生态保护建设、湿地自然保护区建设、湿地生态恢复工程建设角度，通过制定和实施水域湿地保护工程，采取对水资源的合理调配和管理、退耕(养、牧)还湿(泽、滩)、植被恢复、栖息地恢复等措施恢复部分被侵占的湿地面积，使自然湿地面积萎缩和功能退化的趋势得到遏制和初步扭转。通过加强水域湿地资源监测、宣教培训、科学研究、管理体系等方面的能力建设，建立比较完善的水域湿地保护、管理与合理利用的法律法规、政策和监测科研体系，以起到主体保护的作用。

(3)农田作物生态屏障建设。岷江上游三个生态功能区均有农田作物资源。生态农业发展是岷江上游经济社会发展的重要支撑条件，作为农田生态屏障重点建设区域，可在一定程度上缓解农业经济增长与环境污染这对矛盾，保持流域良好的生态环境。在建设农田生态屏障过程中，首先应该严格耕地制度，有效发挥农业生态效益。坚持最严格的耕地保护制度，稳定区内耕地面积，积极发挥农业的生态、景观和间隔功能，在适宜地区实行退耕还林，注重产业布局，发展现代生态农业。大力实施标准农田、农田水利、节水灌溉工程建设，增强抵御自然灾害能力，提高农业综合生产能力。建立农业生态环境监测管理体系，提高监管能力，实施乡村清洁工程、健康养殖工程、水体修复和水土流失治理等工程建设项目，加强农业环境资源监测评估等基础性工作，大力控制农业面源污染。大力推进特色种植业发展，全面有效提高农牧民收入。

第 5 章　岷江上游流域生态经济可持续发展

5.1　流域生态经济理论及可持续发展研究总述

5.1.1　生态经济与生态产业

1. 生态经济学在国外的发展历程

1966 年，美国经济学家肯尼斯·鲍尔丁(Kenneth Boulding)发表的《一门科学——生态经济学》一文，首次正式提出“生态经济学”的概念。鲍尔丁在反思传统经济学的基础上，明确阐述了生态经济学的研究对象，进而首次提出了“生态经济协调理论”。在鲍尔丁看来，传统经济学忽略了人类经济活动所赖以进行的基础——生态环境，结果将人类的经济活动引向了有增长而无发展的歧途。经济系统的运行机制是“增长型”的，而生态系统的运行机制是“稳定型”的。因此，在生态经济系统中，不断增长的经济系统对自然资源需求的无止境性与相对稳定的生态系统对资源供给的局限性就构成了贯穿始终的矛盾。鲍尔丁指出“现代经济社会系统是建立在自然生态系统基础上的巨大开放系统，以人类经济活动为中心的社会经济运动都是在大自然的生物圈中进行的”。由此可见，生态经济学是在经济发展与资源短缺、环境恶化等问题发生的大背景下产生的，以试图解决稳定态的生态系统与增长态的经济系统的运行矛盾而广泛引起人们的重视。

1974 年，美国著名的生态经济学家赫尔曼·戴利(Herman Daly)曾提出稳态经济的思想，其中已经具有生态经济的含义。表述为：“把人口和财富维持在一个固定水平，在此水平上，人们能享受长期而美好的生活。维持这种存量状况的吞吐量较低，并总是处于生态系统的再生能力和吸收能力范围之内。因此，系统是可持续的——它能长时间继续。稳态经济的发展途径不再是变大，而是变好。”[1] 通量可以看作是维持存量的成本，从低熵物质的开采投入端开始，到等

[1] Herman E D,Joshua F. 生态经济学原理与应用[M]. 徐中民，张志强，钟方雷，等译. 郑州：黄河水利出版社，2007.

量的高熵废物产出端结束。戴利认为生态经济所要达到的是人的根本目标，为了达到这个目标，我们的研究重点应该由传统的经济问题转到更大范围的研究即生态经济问题的研究，这是达到整个地球生态系统可持续发展的唯一手段。戴利把人类的发展目标与生态经济的发展目标结合起来，超越了鲍尔丁仅就生态论生态的思路，创造性的应用热力学基本定律，解释低熵物质和能量构成了生态经济系统的根本手段。

1989年，美国经济学家罗伯特·科斯坦塔(Robert Costanza)[1]认为“生态经济学是一门全面研究生态系统与经济系统之间关系的科学，这些关系是当今人类所面临的众多紧迫问题(如可持续性、酸雨、全球变暖、物种消失、财富分配等)的根源，而现有的学科均不能对生态系统与经济系统之间的这些关系予以很好的解释。”1991年，科斯坦塔等又将生态经济学定义为“可持续性的科学和管理”。生态经济学将人类经济系统视为生态系统的一部分，其研究范围是经济部门与生态部门之间相互作用的整个网络。在他看来，生态经济学所要解决的问题包括：可持续发展的规模、公平的分配和有效的配置。科斯坦塔再将生态经济学的研究领域进一步拓展，并且认为未来的环境承载力不应该因为我们目前的物质积累而变小。

其他国外学者对生态经济学的看法简述如下：

Barbier[2]等认为生态经济学不是一门新的学科，而是解决单一学科不能胜任的经济与环境相互作用问题的一种新的分析方法或方法的总和。日本京都大学神里公教授在《生态经济学的研究与方法》论文中指出：“生态经济学是一门综合性科学，它的任务是把经济社会和自然系统相互作用当成一个整体来研究。”苏联学者查伊采夫又将其定义为“研究经济生态系统的作用、稳定性和发展的等规律的科学”[3]。Martinez-Alier[4][5]将生态经济学定义为“(不)可持续性的研究与评估”的科学，并认为生态经济学包含新古典环境经济学和资源经济学，但由于其包含对人类经济活动环境影响的物理评价，因此又超出它们二者的范畴。

---

[1] Costanza R. What is ecological economics[J]. Ecological Economics，1989，1(1)：1-7.

[2] Barbier E B. Valuing environmental functions：tropical wetland[J]. Land Economics，1994，70(2)：155-173.

[3] 鲁明中，王沅，张彭年，等. 生态经济学概论[M]. 乌鲁木齐：新疆科技卫生出版社，1992.

[4] Martinez-Alier J，Munda G，O'Neill J. Theories and methods in ecological economics：a tentative classification[J]. Economics & Phicosophy，2001.

[5] Cleveland C，Stem D I，Constanza R，et al. The economics of nature and the nature of economics[M]. Cheltenham：EdwardElgar，2001.

以上是国外学者从不同角度对生态经济学含义进行的解释，他们的共同点是源于对当时人类经济系统所产生问题的高度关注，随着时间的推移和科学技术的发展，普遍认同建立在综合各种学科思想的生态经济学是解决这些问题的重要尝试。从这个意义上说，生态与经济协调发展和经济社会可持续发展都是生态经济学中的重要理论范畴，也都是当代经济发展中的重要指导思想。

2. 生态经济学在国内的认识过程

生态经济学在我国得到了迅速的发展，涌现了一大批的研究学者，引起了各个行业的广泛关注，更是得到了政府管理部门的高度重视。

1980 年 8 月，我国著名经济学家许涤新先生在青海省西宁市召开的全国第二次畜牧业经济理论讨论会上，提出“要研究我国生态经济问题，逐步建立我国生态经济学”的倡议，这是关于建立我国生态经济学的首次倡议。1987 年由许涤新先生任主编的《生态经济学》的正式出版，标志着我国生态经济学这一新兴学科理论体系的初步建立。在此专著里，生态经济学的定义是：“生态经济学的研究对象是生态经济系统，它是从生态学和经济学的结合上，以生态学原理为基础，经济学理论为主导，以人类经济活动为中心，围绕着人类经济活动与自然生态之间相互发展的关系这个主题，研究生态系统和经济系统相互作用所形成的生态经济系统。”[1] 该定义的特色是明确了生态经济学的研究对象是生态经济系统，研究方法是学科结合，研究目的是探寻生态经济规律。

1986 年，生态经济学家马传栋在所著《生态经济学》中关于生态经济学的定义是：“生态经济学是从经济学角度研究由经济系统和生态系统复合而成的生态经济系统的结构、功能及其运动规律性的学科。从整体上而不是从某一个侧面来研究由生态系统和经济系统相互结合而形成的复合系统的各因素间相互联系、相互制约、相互转化的运动规律的学科。”[2] 该定义的特点是强调了生态经济的系统性和规律性。

1989 年，著名经济学家刘思华在所著《理论生态经济学若干问题研究》中关于生态经济学的定义是：“从生态学和经济学的结合上，着重研究人类社会经济活动的需求与自然生态环境系统的供给之间的矛盾运动过程中发生的经济问题和所体现的经济关系发展规律及其机理的科学。”[3] 该定义的特点是从需求与供给的矛盾运动角度来分析。

---

[1] 许涤新. 生态经济学[M]. 杭州：浙江人民出版社，1987.

[2] 马传栋. 生态经济学[M]. 济南：山东人民出版社，1986.

[3] 刘思华. 理论生态经济学若干问题研究[M]. 南宁：广西人民出版社，1989.

2001 年 1 月，我国生态经济学家王松霈在所著《生态经济学》中关于生态经济学的定义是："生态经济是适应 21 世纪生态时代实现经济社会可持续发展的需要而建立的一门新兴边缘交叉科学。"[1] 该定义的特点是强调了时代性、可持续性和新兴边缘交叉性。

2002 年，梁山等在所著《生态经济学》中对生态经济学的定义是："生态经济学是通过对生态系统中的自然再生产过程的解析，同时研究经济系统中经济再生产的作用机理和运动规律，亦即从符合生态经济系统的各种因素(条件)的解析和对该系统的综合性研究这两个方面出发，探索持续提高人类社会发展的途径，并用于具体指导经济发展的一门科学。"[2] 该定义的特点是强调生态经济学的解析性、规律性和指导性。

2003 年 9 月，陈德昌等主编了《生态经济学》，其中对生态经济学的定义是："生态经济学是研究社会物质资料生产和再生产过程中经济系统和生态系统之间物质循环、能量流动、信息传递、价值转移和增值以及四者内在联系的一般规律及其应用的科学。"[3] 该定义的特点是强调了生态经济系统的能量流动性和增值性。

2005 年 3 月，唐建荣等主编了《生态经济学》，其中对生态经济学的定义是："生态经济学是综合不同学科的思想，是对目前人类经济系统所产生的问题及其对地球生态系统的影响而研究整个地球生态系统和人类经济亚系统应该如何运行才能达到可持续发展的科学。"[4] 该定义的特点是强调了生态经济学的综合性、生态系统的亚系统观点。

2005 年 12 月，胡宝清等在所著《区域生态经济学理论、方法与实践》中对生态经济学的定义是："生态经济学主要研究生态系统和经济系统的相互关系，即研究对象为生态经济系统；生态经济学是由诸多学科相互交叉形成的边缘性质的学科；生态经济学的研究重点为可持续发展及其定量评估。"[5] 该定义的特点是强调了生态经济学的交叉边缘性和可持续发展重点。

2006 年 5 月，聂华林等在所著《发展生态经济学导论》中对生态经济学的定义是："通过对人工生态经济系统的定向设计、调控与管理，实现人工生态系统的经济目标，以解决贫困落后欠发达状态下的生态环境与经济发展的矛盾，推

---

[1] 王松霈. 生态经济学[M]. 西安：陕西人民教育出版社，2001.
[2] 梁山，赵金龙，葛文光. 生态经济学[M]. 北京：中国物价出版社，2002.
[3] 陈德昌. 生态经济学[M]. 上海：上海科学技术文献出版社，2003.
[4] 唐建荣. 生态经济学[M]. 北京：化学工业出版社，2005.
[5] 胡宝清，严志强，廖赤眉，等. 区域生态经济学理论、方法与实践[M]. 北京：中国环境科学出版社，2005.

动区域经济发展”[1] 该定义的特点是强调了生态经济从生态平衡到生态发展、生态发展促进经济发展的相关性。

2008年2月，王书华在所著的《区域生态经济——理论、方法与实践》中对生态经济学的定义是：“生态经济主要研究经济和生态协调一致的共同作用和发展等规律，将经济和生态当作完整的、经济生态系统中的两个子系统，并具有不同的结合程度和不同的作用范围。”[2] 该定义的特点是强调生态经济学的协调性和完整性。

2008年5月，沈满洪等所主编《生态经济学》中关于生态经济学的定义是：“生态经济学是一门研究和解决生态经济问题、探究生态经济系统运行规律的经济科学，旨在实现经济生态化、生态经济化和生态系统与经济系统之间协调发展。”[3] 该定义的特点是强调了生态经济学的问题导向性、经济性、规律性和经济生态化和生态经济化的核心目标。

2009年1月，赵桂慎主编的《生态经济学》中关于生态经济学的定义是：“生态经济学是生态学和经济学相互交叉、渗透、有机结合形成的新兴边缘学科。”[4] 该定义的特点是强调生态经济学的交叉性和边缘性。

尽管上述定义的描述不同，侧重点也不同，但我们可以从中分析出其本质内涵的主要基本点为以下三点：

第一，在生态经济学学科性质的基本定位方面，都承认生态经济学这门学科存在交叉性、边缘性和综合性特征，研究方法上除了应用经济研究方法外，还可以依靠系统论的理论基础，广泛采用系统动力学、信息论、控制论、价值方法论来耦合生态与经济系统。

第二，在生态经济学的研究对象和目的上，都强调生态、社会、经济复合系统的可持续发展研究，面对当前全球面临的紧迫问题，反思人类在追求经济增长的过程中对生态环境系统的过量索取，把如何实现生态经济系统的进展演替作为学科的主要任务。

第三，在生态经济学研究内容上，都强调生态与经济系统的密切联系和协调发展，生态环境的变化和现代科学技术的日新月异将促进现代经济发展，从生态经济两大子系统的相互协调到紧密联动，最终形成经济生态化、生态经济化和生态经济一体化的目标。

---

[1] 聂华林，高新才，杨建国. 发展生态经济学导论[M]. 北京：中国社会科学出版社，2006.

[2] 王书华. 区域生态经济学理论、方法与实践[M]. 北京：中国发展出版社，2008.

[3] 沈满洪. 生态经济学[M]. 北京：中国环境科学出版社，2008.

[4] 赵桂慎，于法稳，尚杰. 生态经济学[M]. 北京：化学工业出版社，2009.

综合以上观点，生态经济学是一门从经济学角度来研究由社会经济系统和自然生态系统复合而成的生态经济社会系统协调发展规律的科学，它通过探索自然生态和社会经济的共同运行与作用，从而把握生态经济社会复合系统的协调和可持续发展的规律性。

3. 生态经济学的分类

按照胡宝清[1]等的分类方法，将生态经济学分为：①部门生态经济学，主要包括农业生态经济学、工业生态经济学、产业生态经济学等。②专业生态经济学，主要包括人口生态经济学、土地生态经济学和能源生态经济学等。③理论生态经济学，主要进行生态经济学说史和生态经济模型的研究。④区域生态经济学，主要包括城市生态经济、流域生态经济、山地生态经济等。针对不同地域的特征进行生态经济的分区研究，是生态经济学研究的区域总结和落实。由于生态经济系统地域空间差异的存在，生态经济问题、生态经济规律在不同的类型区域呈现出明显的差异，因此，生态经济的区域化研究往往具有更高的应用价值。

流域生态经济属于区域生态经济学的一个重要分支，是生态经济学研究在区域范围内的总结和落实，是国民经济布局的基本地理单元。因此，流域生态经济研究是非常重要和紧迫的。

4. 生态产业

生态产业是按产业生态学原理和生态经济学规律组织起来的基于生态系统承载能力、具有完整的生命周期、高效的代谢过程及和谐的生态功能的网络型、进化型、复合型产业[2]。它通过两个或两个以上的生产体系或环节之间的系统耦合，使物质、能量多级利用、高效产出，资源、环境系统开发、持续利用。生态产业以协调社会进步、经济发展和环境保护为主要目标，最终达到生态效益、经济效益和社会效益的统一。在内涵上，生态产业包括了生态农业、生态工业以及体现以人为本理念的现代服务业等第一、二、三产业的全部，涵盖了一个地区区域经济的各项产业；在形式上，它又不同于某一单个产业，而是一个集合，是一个基于一定地域生态环境条件的区域产业体系；在发展理念上，生态产业是体现时代特征、可持续发展、使生产产品符合国际标准的一种全新产业，是生态文明国家战略实施的具体体现，与当前快速发展信息、生物等单一产业相比，它处于

[1] 胡宝清，严志强，廖赤眉，等. 区域生态经济学理论、方法与实践[M]. 北京：中国环境科学出版社，2005.

[2] 王如松. 转型期城市生态学前沿研究进展[J]. 生态学报，2000，20(5)：830-840.

更深层次和更高的发展阶段。

5.1.2 流域生态经济

1. 流域经济的本质内涵

流域是以河流为中心，由分水线包围的集水区域，同时又是以水资源系统开发和综合利用为中心，组织和管理国民经济的重要地域单元。

目前，国内外学者对流域经济的本质内涵认识并不统一。齐民[1]认为流域经济是以河流水资源为纽带形成的特殊的地域经济。陈东景[2]等认为流域经济是以水文循环的自然单元(流域)为研究范围，以水资源开发和利用为中心，对流域经济系统的结构和功能、发展现状和趋势、调控和规划，以实现流域经济系统的持续、协调和稳定发展。胡碧玉[3]认为流域经济是一种以自然河流水系为基础，流域内人、财、物资源配置为核心的亚区域和跨区域经济系统。张彤[4]认为流域经济是以河流为纽带和中轴，以水资源为主的资源综合开发利用的特殊类型的区域经济。以上学者虽然对流域经济进行了界定，进行了分析，但大多偏向于从自然地理属性方面进行理解，强调自然区本质属性多于经济区本质特性，流域经济的经济区特征决定了其内在本质。因此可见，流域经济是以流域水资源的开发和利用为重点，以流域范围内的资源优化配置为核心的特殊类型的区域经济。

2. 流域经济的特征

就流域经济的特征而言，已有不少学者从不同层面、不同视角展开很多探讨。张文合[5]认为流域经济具有整体性和关联性、区段性和差异性、层次性和网络性、开放性和耗散性等特征。余东勤[6]等就从流域经济系统在整个经济系统的相对地位和重要性为出发点，总结了流域经济具有中间性、过渡性、集散性、相对性与灵活性等特征。陈湘满[7]则着眼于流域经济的系统性研究，归纳

[1] 齐民. 清江流域经济发展研究[M]. 武汉:华中科技大学出版社,2002.
[2] 陈东景,马安青,徐中民. 干旱区流域经济分析的初步研究[J]. 人文地理,2002,17(5):81-84.
[3] 胡碧玉. 流域经济非均衡协调发展制度创新研究[M]. 成都:四川人民出版社,2005.
[4] 张彤. 论流域经济发展[D]. 成都:四川大学,2006.
[5] 张文合. 流域开发论——兼论黄河流域综合开发与治理战略[M]. 北京:水利电力出版社,1994.
[6] 余东勤,茹继田. 流域经济基本特征的探讨[J]. 映西水利发电,1995,11(3):62-64.
[7] 陈湘满. 论流域开发管理中的区域利益协调[J]. 经济地理,2002,22(5):525-528.

流域经济具有客观性、地域性、综合性、可度量性等特征。胡碧玉[1]认为流域经济具有亚区域经济、跨区域经济等特征。张彤[2]则从流域经济综合开发与区域统筹协调发展的角度出发，认为流域经济是以水资源开发利用为主实现资源综合开发利用的经济，是以河流为纽带促进区域协同发展的经济，是具有明显区段性的经济。

上述学者对流域经济的特征分析反映了人们对流域经济自然特性和人文特性的基本认识，课题组成员试图从经济特性方面进行分析并提出新的观点：流域经济的上述自然特性和社会特性，客观上决定了它的经济特性。流域经济的特征是人们在配置流域资源时引起的经济关系，它们主要表现为：①稀缺性。由于水资源是生命要素，是人类生活和社会生产不可缺少的自然资源。流域岸线的土地资源是自然赋予的不可再生物，对于不断增加的人口和不断增长的需求来说，土地资源永远是稀缺的。②效益性。流域对于区位效益具有决定性作用。流域的区位效益性之所以能得到实现，是因为人们对不同区位的流域资源有不同的直接或间接的投入，从而获得经济和社会的收益。特别需要说明的是，流域上下游之间的经济社会效应是既相互联系、相互制约，又相互作用、相互影响的。③边际产出递减性。对于流域资源来说，边际产出递减性表现在，对流域资源的使用强度超过一定限度后，收益开始下降，并在全流域甚至跨流域范围产生的负外部性效用。④层次性。流域经济构成了一个多层次的网状组织，由若干支流组成。大的流域可以分为上、中、下流域区段。一个流域还可以划分为许多个小流域，小流域还可以划分成更小的流域，直到最小的支流或小溪为止。由此形成小流域生态经济系统，上游、中游、下游生态经济系统，全流域生态经济系统。

3. 流域生态经济的基本含义

随着人们对流域经济、流域生态和生态经济等学科体系研究的进一步深入，通过学科之间的紧密结合，形成了流域生态经济的学科雏形。在学术界，流域生态经济学这一提法最早出现在 1995 年马传栋[3]所著的《资源生态经济学》的生态经济学科群结构框图中，随后其他学者开始进一步进行探讨。黄九渊[4]将流域生态经济定义为从保护和优化人类生存发展的生态资源出发，遵循大自然生态规律和“道法自然”的原则，以江河流域(湖海流域类同)为区域经济发展系统，

[1] 胡碧玉. 流域经济非均衡协调发展制度创新研究[M]. 成都：四川人民出版社，2005.
[2] 张彤. 论流域经济发展[D]. 成都：四川大学，2006.
[3] 马传栋. 资源生态经济学[M]. 济南：山东人民出版社，1995.
[4] 黄九渊. 一个全新的角度：流域生态经济[J]. 环境，1999，(5)：10-11.

构造符合当今人类社会实施可持续发展战略需要的新型经济理论。程国栋[1]在系统总结国际上关于流域生态经济研究状况、进展和黑河流域相关研究的基础上，提出了流域生态经济应以水资源可持续利用研究为纽带。徐中民[2]等在系统总结有关生态经济研究理论后，以黑河流域为研究背景，编著了《生态经济学理论方法与应用》，内容包括生态学理论和方法发展概述、可持续发展定量评估的理论方法与应用、生态系统服务价值及其评估、生态系统恢复的价值和水资源承载力的研究等。随后，周立华[3]在研究黑河流域发展过程所表现出来的生态经济问题时，从系统论的方法进行研究，提出了流域生态经济应当是由流域自然生态系统和社会经济系统耦合形成的一个复合系统。胡宝清[4]等将流域生态经济这个概念定义为特定区域——流域生态系统与社会经济系统相协调发展的状况，研究流域生态系统与流域经济系统的耦合关系。赵学平[5]将流域生态经济看作区域生态经济的特例，一般以河流为主线，以水资源为其主要影响因子。沈满洪[6]将流域生态经济列入应用生态经济的区域性生态经济类别。

"流域生态经济"一词，在许多文献资料中可看到，但较多学者均从字面上直接使用，如王继军[7]等在《流域生态经济系统建设模式研究》中关于纸坊沟流域的生态经济系统进行的具体研究。纵观学者的使用情况，可以将其分为三种理解模式，一为"流域＋生态经济"，二为"流域生态＋经济"，三为"流域＋生态＋经济"，前两种模式目前使用率最高，均有所侧重，是从不同角度阐述流域生态经济基本含义，最后一种模式还未得到人们的普遍认可，因此使用较少。汇总以上流域生态经济的定义，我们大致可以总结出不同学者对流域生态经济认识的几点共识：①流域生态经济探讨流域区人类社会经济活动与生态环境系统之间的关系；②流域生态经济研究流域生态系统与社会经济系统协调发展问题；③流域生态经济研究流域生态系统与流域经济系统的耦合关系。

综合以上观点，流域生态经济是在区域经济和生态经济理论指导下，以流域系统为研究区域，形成全流域的生态保护与经济协调发展的经济发展模式。

---

[1] 程国栋.黑河流域可持续发展的生态经济学研究[J].冰川冻土，2002，24(4)：335-343.

[2] 徐中民，张志强，程国栋.生态经济学理论方法与应用[M].郑州：黄河水利出版社，2003.

[3] 周立华，王涛，樊胜岳.内陆河流域的生态经济问题与协调发展模式——以黑河流域为例[J].中国软科学，2005，(1)：114-119.

[4] 胡宝清，严志强，廖赤眉.区域生态经济学理论、方法与实践[M].北京：中国环境科学出版社，2005.

[5] 赵学平.潮河流域生态经济系统评价研究[D].杨凌：西北农林科技大学，2007.

[6] 沈满洪.生态经济学[M].北京：中国环境科学出版社，2008.

[7] 王继军，权松安，谢永生，等.流域生态经济系统建设模式研究[J].生态经济，2005，(10)：136-140.

5.1.3 可持续发展理论

可持续发展最早是由环境经济学家和生态学家提出的。1987年以挪威首相布伦特兰夫人为首的世界环境与发展委员会正式发表了题为《我们共同的未来》的研究报告，提出了被广泛接受的可持续发展的定义，即“可持续发展是指既满足当代人的需要，又不损害后代人满足需要的能力的发展”。可持续发展必须遵循三条基本原则：生态可持续性——发展要与基本生态过程、生物多样性、生物资源的维护协调一致；社会和文化的可持续性——提高人们对其生活的控制能力，维护和增强社区的个性及文化多样性，做到发展与社区文化、价值观相协调；经济的可持续性——资源有效管理和利用，经济得到持续性增长，并为后代留下足够的发展空间[1]。

可持续发展的重要标志就是资源的可持续利用和生态环境的改善。只要做到在经济发展的同时不断改善和提高生态环境，才算是可持续发展。可持续发展是一种全新的发展战略和发展观，支撑可持续发展的基本理论有人口承载力理论、环境承载力理论、外部性理论、财富代际公平分配理论、三种生产理论。基本结论如下：①人口承载力理论。所谓人口承载力理论是指地球系统的资源与环境，由于自身自组织与自我恢复能力存在一个阈值，在特定技术水平和发展阶段下的对于人口的承载能力是有限的。人口数量以及特定数量人口的社会经济活动对于地球系统的影响必须控制在这个限度之内，否则，就会影响或危及人类的持续生存与发展。②环境承载力理论。环境承载力是某一区域环境在某一特定时期维持某种环境状态条件下所能提供的对人类活动支持能力的阈值，它是描述环境状态的重要参量之一，是研究环境与经济是否协调的一个重要判据。当区域产业高度集聚对环境不良影响的累积超过该区域的环境承载力时，会造成环境质量急剧下降，影响环境的可持续发展，同时降低环境对产业发展的支持能力。因此，在产业结构优化中，必须将产业活动安排在环境承载力限度内。③外部性理论。外部性理论认为，环境日益恶化和人类社会出现不可持续发展现象和趋势的根源。人类迄今为止一直把自然(资源和环境)视为可以免费享用的“公共物品”，不承认自然资源具有经济学意义上的价值，并在经济生活中把自然的投入排除在经济核算体系之外。如何从经济学的角度把自然资源纳入经济核算体系，是该理论解决的核心问题。④财富代际公平分配理论。财富代际公平分配理论认为，人类社会出现不可持续发展现象和趋势的根源是当代人过多地占有和使用了本应介于后代

[1] 陈德昌.生态经济学[M].上海:上海科学技术文献出版社,2003.

人的财富，特别是自然财富。该理论重点探讨了财富(包括自然财富)在代与代之间能够得到公平分配的理论和方法。⑤三种生产理论。三种生产理论认为，人类社会可持续发展的物质基础在于人类社会和自然环境组成的世界系统中物质的流动是否通畅并构成良性循环。该理论把人与自然组成的世界系统的物质运动分为三大“生产”活动，即人的生产、物资生产和环境生产，致力于探讨三大生产活动之间和谐运行的理论与方法。

流域经济的发展是以水资源为先导和主体的综合资源开发和利用。实现流域经济可持续发展的实质就是实现流域水资源可持续开发和利用。水资源可持续开发和利用必须遵循公平和效率原则，实现外部性内部化；实施流域开发多目标协调、流域的系统化管理和跨流域水资源开发。在全流域范围内实施可持续发展，符合经济建设、人民生活对资源环境的要求，更是经济发展的国际趋势[1]。

5.1.4　对我国流域生态经济现有文献研究视角的思考

近年来，国内学者对流域生态经济发展的理论研究和实践研究取得了长足的进展，引起了人们的广泛关注，围绕流域经济社会发展与流域生态环境保护开发的相互协调，学者们展开了热烈的讨论。国内学者对流域生态经济发展的研究归纳起来有以下三种基本脉络：

第一种是从流域治理——流域开发条件——流域综合利用——流域经济社会发展，最后形成流域生态经济系统协调发展理论。按照这种研究路径进行流域生态经济研究的成果最多，作者普遍将水利工程、水土保持、水电开发、水运交通、生态及山地灾害等作为研究侧重点或特色。如张思平[2]的《流域经济学》、杨承训[3]等的《黄河流域经济》、梁钊[4]等的《珠江流域经济社会发展概论》(后面两著作均为国家社科重点项目)等著作以水利工程相关项目研究作为重点；段巧甫[5]的《小流域经济学》以水土保持研究为特色；李文华[6]、陈永孝的《流域开发与管理——美国田纳西河流域与中国乌江流域对比》和齐民[7]的《清江流域经济发展研究》等以水电开发研究为特色；《西江流域经济开发与环境整

[1] 马兰等.论流域经济可持续发展[J].云南环境科学，2003，22(增刊3)：42-45.

[2] 张思平.流域经济学[M].武汉：湖北人民出版社，1987.

[3] 杨承训，杨庆安，庄景林，等.黄河流域经济[M].郑州：河南人民出版社，1995.

[4] 梁钊，陈甲.珠江流域经济社会发展概论[M].广州：广东人民出版社，1997.

[5] 段巧甫.小流域经济学[M].哈尔滨：哈尔滨出版社，1994.

[6] 李文华，陈永孝.流域开发与管理——美国田纳西河流域与中国乌江流域对比[M].贵阳：贵州人民出版社，1988.

[7] 齐民.清江流域经济发展研究[M].武汉：华中科技大学出版社，2002.

治几个重大问题研究》[1] 属于中国科学院《区域开发前期研究》项目的部分研究成果，主编傅绥宁、吴积善为从事生态学及山地灾害的专家。还有诸多研究论文，如周麟[2]等的《泥石流流域生态经济分区及关键调控措施》、周立华[3]等的《内陆河流域的生态经济问题与协调发展模式——以黑河流域为例》。

此类文献注重从水利工程、航电开发、入境水量、土壤盐碱化、植被退化等自然科学领域范畴研究流域经济，大多擅长采取学科交叉的研究方法，使社会科学和自然科学在深度和广度上更好地结合，运用经济规律与自然规律研究流域和流域区段的整体治理开发，使流域的治理和开发充分带动流域经济的发展，又从流域经济发展促进流域的彻底治理，进而使整个流域带的经济社会运行形成一个良性循环系统。从另一角度来看，这类文献普遍对流域经济中内在的经济规律分析不够，条件及现状描述相对较多，其经济学研究的特色稍显逊色。目前来看，这类具备水利(生态)流域经济学特色的研究成果，成了我国流域生态经济的研究主体。

第二种是从自然地理条件——流域环境条件——流域生态经济系统(社会总需求、环境承载力)——流域环境保护与污染防治——流域经济结构与产业布局——开发战略与总体设想，最后形成流域生态经济系统协调发展理论。按照这种研究路径进行流域生态经济研究的成果较少，作者普遍将自然系统、社会系统、经济系统、系统评价、环境保护、污染防治、水资源的安全与需求、地理信息等作为研究侧重点或者特色。如东江流域综合治理开发研究课题组[4]的《广东省东江流域资源、环境与经济发展》、袁本朴[5]等的《长江上游民族地区生态经济研究》等著作和陈利顶等[6]的《流域生态经济管理及其指标体系的探讨》等论文以自然环境系统和社会环境系统研究作为重点。

此类文献注重从系统运行的环境和系统的空间结构、水资源的多目标开发利用和调配、水质保护和库区移民等水环境系统领域范畴研究流域经济。多数认为水资源的合理开发、利用和管理是流域开发的核心问题，同时又是同其他资源的

---

[1] 傅绥宁，吴积善，姚寿福. 西江流域经济开发与环境整治几个重大问题研究[M]. 北京：科学出版社，1995.

[2] 周麟，谢洪，王道杰，等. 泥石流流域生态经济分区及关键调控措施——以岷江上游干旱河谷龙洞沟为例[J]. 山地学报，2004，22(6)：687-692.

[3] 周立华，王涛，樊胜岳. 内陆河流域的生态经济问题与协调发展模式——以黑河流域为例[J]. 中国软科学，2005，(1)：114-119.

[4] 东江流域综合治理开发课题组. 广东省东江流域资源、环境与经济发展[M]. 广州：广东人民出版社，1993.

[5] 袁本朴. 长江上游民族地区生态经济研究[M]. 成都：四川人民出版社，2001.

[6] 陈利顶，陆中臣. 流域生态经济管理及其指标体系的探讨[J]. 生态经济，1992，(6)：16-22.

开发(如土地资源)和环境的治理密切相联系的。一般对环境保护与污染防治等方面作了一次较全面的研究，并且把流域作为一个自然、社会、经济的统一体进行综合分析和研究，充分考虑各要素之间的相互联系、相互制约和相互促进的情形，就流域区域的经济、社会发展和国土治理、保护中存在的问题，提出解决途径和政策措施。这类文献忽视了流域生态经济中特有的核心理论支撑和外部性条件，自然系统、社会系统和经济系统的联系显得不够紧密，其经济学研究的特色仍显逊色。目前来看，这类具备环境(生态)流域经济学特色的研究成果，成了我国流域生态经济的一个重要补充。

第三种是从流域基础——发展条件——发展特征(部门经济特征、空间经济特征)——上中下游协调发展——建立流域经济带，最后形成流域生态社会可持续发展理论。按照这种研究路径进行流域生态经济研究的成果有所增多，作者普遍将社会系统、经济系统、系统模型、水资源的可持续综合开发、可持续发展评价指标体系等作为研究侧重点或者特色。如刘盛佳[1]的《长江流域经济发展和上、中、下游比较研究》、虞孝感[2]的《长江产业带的建设与发展研究》、胡碧玉[3]的《流域经济非均衡协调发展制度创新研究》、张彤[4]的《论流域经济发展》、刘兆德[5]等《长江流域新世纪可持续发展的重大问题》等著作和论文，都是以人口、环境、资源与社会共同发展、人与自然的和谐作为重点。

此类文献注重从可持续发展理论体系出发，结合系统发展条件、流域水资源的可持续利用原则，通过流域经济系统要素与运行的论述，提出水资源经济(水权、水价等水资源市场)的重点是有效的运作水市场，流域经济发展的重要前提是流域水资源有效地实现可持续利用。这类文献结合可持续发展理论的基本内涵和原则，突出流域生态经济中的水资源经济，其经济学研究的特色日渐明显。目前来看，这类具备可持续流域(生态)经济学特色的研究成果，成为了我国流域生态经济的一股新生力量。

5.1.5　对现有文献研究视角的再思考

现有文献研究的脉络反映了国内外流域生态经济发展的演进过程以及人们对此的一些思考。目前，国内学术界在流域生态经济发展方面进行了积极的探讨，

---

[1] 刘盛佳.长江流域经济发展和上、中、下游比较研究[M].武汉：华中师范大学出版社，1999.
[2] 虞孝感.长江产业带的建设与发展研究[M].北京：科学出版社，2004.
[3] 胡碧玉.流城经济非均衡协调发展制度创新研究[M].成都：四川人民出版社，2005.
[4] 张彤.论流域经济发展[D].成都：四川大学，2006.
[5] 刘兆德，虞孝感.长江流域新世纪可持续发展的重大问题[J].经济地理，2006，26(2)：304-307.

研究也取得了不少的成果，但总的来说，目前国内流域生态经济发展在区域经济研究中仍是一个十分薄弱的领域。

(1)研究视角分散，没有形成逻辑严密的统一的研究框架。如流域开发、流域治理、流域生态经济空间分异格局的调控与优化以及流域生态经济可持续发展等主题之间客观上存在较强的内在联系，但在研究中缺乏一条主线将其很好地关联起来，这其实是源于流域生态经济涉及特定区域特定资源的研究，但却没有一个完整系统的研究路径。

(2)有关流域生态经济的基本理论研究不足，尚未提炼出流域生态经济学的核心概念和基本范畴，沈满洪、高登奎在《生态经济学》提出生态经济学面临“三化”[1] 危机的观点，而流域生态经济面临更为尴尬的境地，被流域管理学、水利经济学、环境经济学、资源经济学、可持续发展经济学替代。从理论研究来看，以《流域经济》或《流域生态经济》命名的文献成果表面上不少，但目前还没有一本真正意义上属于经济学学科体系的流域经济学专著，这与我国流域沿岸地区经济发展现状是极不相符的，也与我国是一个江河较多的国家是极不相称的。从实践探讨来看，早在 1933 年美国就开始开发田纳西河流域，取得较好的效果，而我国至今尚未获得一个与此成果相当的实践案例。

(3)有关流域生态经济研究的一些现象，如重视大流域轻视小流域、重视技术手段轻视经济手段、重视发达流域轻视欠发达流域、重经济轻生态、重生态轻经济、经济生态对立化等，这些都不同程度地影响着流域生态经济的理论和实践进展。

5.2　岷江上游流域地区产业与生态方面理论研究的主要观点

岷江是长江重要的支流之一，就水量而言，是长江上游最大的支流。岷江上游地区位于青藏高原东缘的高山峡谷地带，既是长江上游生态屏障的重要组成部分，又是成都平原的重要水源生命线。这里还是著名的旅游资源和人文历史景观富集的黄金生态旅游走廊，同时也是“5·12”汶川大地震的极重灾区和由羌族、藏族为主体的民族地区。对任何一条大江大河来说，只有上游地区成为生态屏障，整个流域的安全才能得到保障。因此，岷江上游地区的生态经济发展研究应

[1] 生态经济学面临同化、异化和空化“三化”危机同时并存的状况。同化——把生态经济学与可持续发展　经济学等同起来，出现后者取代前者的趋势；异化——把生态经济学研究变成经济生态学或者经济环境学，将生态经济学看成是生态学或者环境学的一个分支学科，使得生态经济学偏离了经济科学的轨道；空化——即循环经济学拿走了很多生态经济学的重要内容，使得生态经济学空化了。

当被放在重要地位和突出位置。

然而，从目前发表的研究文献来看，国内学者对岷江上游地区的生态经济发展进行系统研究的成果极少，几近空白。大多从岷江上游的景观、植物、环境、地质特征、建筑特色等方面进行研究，仅有的一些研究也显得比较散乱，下面进行一些简单的梳理。

5.2.1　产业角度

陈文年[1]等在《岷江上游地区的草地资源与畜牧业发展》中论述了岷江上游各县天然草地基本状况，指出了当前草地畜牧业发展存在的一些问题，提出了发展思路和技术措施。孟国才[2]等在《岷江上游生态农业建设与可持续发展研究》中提出岷江上游地区由于特殊的地质构造、特定的自然地理环境及社会经济条件等因素，该地区适宜走生态农业的道路。罗怀良[3]在《岷江上游地区旅游资源开发与旅游业发展》就岷江上游地区旅游资源类型多样、地域组合良好等优势，提出发展生态旅游的构想。王洪梅[4]等在《岷江上游水电开发不同阶段所引发问题的综合分析》中以岷江上游为例，以人类对生态系统服务的利用为主线，对水电站的建设之前、之中和之后三个阶段所出现的不同生态、环境、社会、经济等综合问题进行了深入探讨。

5.2.2　生态环境治理角度

李虎杰[5]在《岷江上游生态环境建设与经济可持续发展》中认为岷江上游地区应加强退耕还林还草，建立生态型持续农业系统和生态文明示范区，调整产业结构，提高群众的综合素质，走可持续发展道路。何锦峰[6]等在《岷江上游生态重建的模式》中指出岷江上游地区生态退化是脆弱的自然生态环境和人类的不合理经营活动综合作用的结果，还指出生态恢复与重建必须与经济建设紧密结

[1] 陈文年，吴宁，罗鹏．岷江上游地区的草地资源与畜牧业发展[J]．长江流域资源与环境，2002，11(5)：446-450.

[2] 孟国才，王士革，谢洪，等．岷江上游生态农业建设与可持续发展研究[J]．中国农学通报，2005，21(5)：372-375.

[3] 罗怀良．岷江上游地区旅游资源开发与旅游业发展[J]．资源开发与市场，2005，21(4)：364-366.

[4] 王洪梅，彭林．岷江上游水电开发不同阶段所引发问题的综合分析[J]．长江流域资源与环境，2008，17(3)：475-479.

[5] 李虎杰．岷江上游生态环境建设与经济可持续发展[J]．四川环境，2001，20(4)：51-52.

[6] 何锦峰，樊宏，叶延琼．岷江上游生态重建的模式[J]．生态经济，2002，(3)：35-37.

合，走生态经济发展之路。柏松[1]等编写的《岷江上游民族地区生态环境退化与整治研究》根据岷江上游民族地区生态环境退化的现状和人为活动的特点，提出了生态环境恢复和整治的对策，为岷江上游民族地区生态屏障的构建提出新思路。田静[2]编写的《岷江上游生态脆弱性及演变研究》分析了岷江上游生态脆弱性的表现，研究了生态脆弱性发生机制及驱动力，提出了整治与重建该区生态环境应遵循可持续发展等九大措施。姚建[3]在《岷江上游生态脆弱性分析及评价》中就岷江上游的生态脆弱性进行较为全面的探讨，提出影响因子和脆弱生态环境的恢复重建措施，促进区域可持续发展。

5.2.3　城镇体系布局角度或其他方面

李锦[4]在《岷江上游城镇的成长性因素分析》中提出岷江上游的城镇化具有发展速度快、社会组织变迁迅速、传媒影响深远的特点，其城镇的成长趋势十分明显。李小琳[5]在《岷江上游的区域特点与经济发展》中研究了岷江上游的区域历史文化特殊性，提出了旅游开发、限制开发水电、协调生态环保等岷江上游经济发展的针对性建议。叶延琼[6]等编写的《岷江上游退耕还林的思考》认为岷江上游出现的退耕面积扩大化、国家补贴政策一刀切等问题，应当通过调整农村产业内部结构、加大坡耕地改造、发展水电业和旅游业来解决。

可以看出，对于岷江上游这个特定流域生态与经济发展的认识正在不断深化，不同的研究者提出了不同的办法，有的甚至是相互矛盾的。汶川大地震发生后，该地区的生态环境状况和经济发展情况发生了较大的变化，需要在此基础上进行全面的重新研究和判定。

---

[1] 柏松，黄成敏，唐亚. 岷江上游民族地区生态环境退化与整治研究[J]. 贵州民族研究，2004，24(1)：119-123.

[2] 田静. 岷江上游生态脆弱性及演变研究[D]. 成都：四川大学，2004.

[3] 姚建. 岷江上游生态脆弱性分析及评价[D]. 成都：四川大学，2004.

[4] 李锦. 岷江上游城镇的成长性因素分析[J]. 阿坝师范高等专科学校学报，2007，24(1)：31-34.

[5] 李小琳. 岷江上游的区域特点与经济发展[J]. 阿坝师范高等专科学校学报，2007，24(1)：35-37.

[6] 叶延琼，陈国阶，樊宏. 岷江上游退耕还林的思考[J]. 生态经济，2002，(1)：25-27.

5.3 岷江上游流域生态产业体系构建

5.3.1 岷江上游流域生态产业体系建设

1. 岷江上游流域生态产业体系建设的实现路径和指导思想

通过以上的分析，按照模糊综合评价法对岷江上游地区水资源综合承载力总体进行评分，该地区 2007 年为 0.517，2003 年为 0.361，承载力超载趋势明显。在此基础上，可以看到，岷江上游地区由于受水资源的约束和特殊的区域优势，经济发展模式应转变为生态产业体系模式、节水型生产生活模式、生态型城乡发展模式，同时还应当采取切实措施，系统全面的考虑流域较长时期的生态环境建设要求和流域经济社会发展需要，进一步协调生活、生产和生态用水，进行综合治理，逐步实现岷江上游水资源的可持续发展。

把岷江上游流域资源的综合利用和生态环境的保护结合在一起的产业发展过程就是该流域生态产业体系建设过程，流域区所有产业都要符合生态经济的要求，走生态经济型道路。具体来说，就是要发挥比较优势，利用岷江上游流域巨大的生态资源优势，依靠高科技和实用技术，加大不可替代的生物资源的开发和利用，使之形成特色生态产业体系。总的来说，“生态经济产业化，产业经济生态化”这就是岷江上游流域生态产业体系建设的实现路径。

“生态经济产业化，产业经济生态化”的立足点就是：在增加人们收入的同时保护生态环境，在保护生态环境的过程中增加人们收入。如果单纯是为了恢复生态环境，人们从中得不到实惠，那么，生态经济就会变成无源之水，无本之木，就无法实现可持续发展。

“生态经济产业化，产业经济生态化”发展道路，既可以保护和恢复生态环境，也可以促进当地经济得到发展，增加当地人民的收入。只有通过产业结构调整把经济建设与生态环境保护结合起来，强化流域生态主导产业的带动作用，才能真正形成自己的特色产业，才能在改善生态环境的同时发展经济。

构建岷江上游流域生态产业体系的指导思想是以产业生态学、生态经济学、区域经济学等理论体系为基础，按照生态产业的具体要求，立足岷江上游流域生态功能定位，结合灾后重建，综合考虑水资源环境承载能力、主体功能区建设和就业需要，突出生态旅游业、清洁水电工业两大主导产业和特色农牧业，优化布局，调整结构，推进产业结构优化升级，形成一批关联度较高、辐射力较强的优势产业集群，构建以生态工业、生态农业、生态旅游业和生态服务业为主体，协调发展的生态产业体系，全面推进岷江上游流域的生态经济产业化、产业经济生态化建设，形成岷江上游流域生态经济区。

2. 岷江上游流域生态产业体系的构建方法

从企业层面来分析，企业生态经济是区域生态产业体系形成的微观基础。岷江上游流域内企业生态产业的构建应当将循环经济理论和清洁生产方法贯穿于企业生态经济建设之中，围绕水资源的综合开发与利用，突出信息和科技在微观层次的企业生态经济中的重要性。从产业层面来分析，生态农业应实现充分利用资源和实现农业高产、高效、持续发展，达到生态与经济两个系统的良性循环和经济、生态、社会三个效益的统一。生态工业以现代科学技术为依托，运用生态规律、经济规律和系统工程的方法经营和管理的一种综合工业发展模式，生态工业体系是岷江上游流域新型生态产业体系网络中的重点。岷江上游流域需要着力构建生态信息产业、生态物流产业、生态旅游产业体系。从次区域层面来分析，生态产业类型主要有高原山区生态产业、高原草甸生态产业、干旱河谷区生态产业等。在区域生态经济建设中，建设城镇生态产业、农村生态产业、城郊生态产业、庭院生态产业等，才能成为区域生态产业体系，促进区域生态经济的健康发展。生态产业园区各产业的横向耦合可使不同工艺流程的横向联系实现资源共享，实现污染负效益向资源正效益的转变。

5.3.2　岷江上游流域生态主导产业确立

1. 岷江上游流域水资源生态产业分析

岷江上游流域水资源的特点及其对流域经济的影响我们已在前面进行了分析，岷江上游流域水资源承载力在时间上表现出较强的递变性，在空间上表现出较强的不均衡性。由此可见，流域水资源承载的特点和强度将对流域主导产业的选择产生较大影响。

从水资源的丰裕程度看，作为长江的主要支流，岷江上游流域径流量大、河床落差大、水流湍急、地势狭小、水能集中是它的主要优势。四川省境内的嘉陵江、沱江、渠江等河流都有一定的径流量，但总体上落差不大，不具备大规模开发水能的客观条件。在水电能源开发上，岷江上游有明显的比较优势。

岷江上游流域水量丰富，沿岸城乡地区工农业用水供水相对充足。但水量的时空分布不均，特别是夏季雨量集中，防洪水利建设成为一个重要的水资源产业。岷江上游(上中段)流域水流湍急，不利航运，可通航河段有限。而沿岸陆上旅游资源和交通资源因灾后重建等因素面临重大机遇，因此航运资源开发的价值不大。岷江流域虽水量丰富，但存水性差，处于干旱河谷地带，不利于灌溉和农业生产的扩大。这些都是由岷江流域水资源特性，即水资源自然禀赋决定的。

从需求的紧迫度看，岷江上游流域地处高原山区，经济基础差，工业生产极不发达，要大规模发展传统工业，无论是资源、资金、地理区位、人力、技术的比较优势都不具备，发展高技术产业更没有基础。农业生产受自然条件制约，除水果、蔬菜等适合山区生产的作物外，其他农作物生产都难以形成规模，市场竞争力不强。岷江上游流域矿产资源丰富，特别是金、锂、铀矿等，但由于气候环境恶劣，交通条件差，开发成本高。岷江上游流域林业资源从长江上游屏障的重要性来看，不可能大规模开发。因此，传统工业和农业需求的紧迫度都不高。

2. 水电开发和利用是岷江上游流域生态经济的一个主导产业

水电是水资源经济的先导，是长期产出稳定而丰富的产业。在世界各国的流域开发中，凡是有水电资源的，都是首先从水电开发入手，积累资金，带动其他产业发展。如在前文中所述的美国田纳西河流域开发、俄罗斯伏尔加河等。只有在不具备水电资源，而水量资源需求大的流域，才优先开发其他水资源经济。如英国泰晤士河以供水经济为主，欧洲莱茵河以航运经济为主等。

结合前述，岷江上游流域水电资源比较优势明显。依据岷江上游流域的地理及社会经济特征，岷江上游流域水资源综合利用与开发的主要功能是产生清洁能源、防洪和生态环境保护，应围绕优势资源合理开发利用，合理开发以水能资源开发为核心的生态能源工业，打造多元化的生态旅游产业。

3. 生态旅游业的是岷江上游流域生态经济的又一主导产业

2009年，国务院发布《关于发展旅游业的意见》文件，明确提出：转变发展方式，提升发展质量，把旅游业培育成国民经济的战略性支柱产业和人民群众更加满意的现代服务业。岷江上游地区旅游资源相当丰富、特色突出、原生多样，富集较多高密度、高品位的世界级旅游资源，岷江上游地区水资源承载压力情况也决定了流域地区主导产业的选择——生态旅游业。

岷江上游地区是我国少数民族的聚居地，具有独特的地形地貌，多样的气候类型，丰富的民族文化和相对独立的区域文化。不同地区不仅地域上有所差别，而且旅游文化的内涵也各有差异。同时，生态旅游业具有就业空间大、劳动就业成本低的特点，有利于扩大内需、拉动经济，是一种最适合岷江上游地区经济发展的“朝阳产业”。在生态旅游业发展过程中，要特别强调多民族文化差异性的价值，使民族地区悠久传统文化得到传承和保护。

第6章　岷江上游流域生态产业发展与生态屏障建设

6.1　岷江上游地区生态工业发展

6.1.1　岷江上游地区发展生态工业的必要性

1. 岷江上游脆弱性生态环境及重要生态屏障建设的必然选择

在第3章中我们已经对岷江上游地区的生态环境特征进行了分析，说明了这里是由青藏高原向四川盆地的过渡地带，是地质环境脆弱带。这里山高坡陡、河流深切、沟谷纵横、多分布古老的变质岩系，极易风化和剥蚀，山地垂直起伏且自然带幅窄，微域差异显著。从过去传统工业模式对生态环境的影响来分析，人为原因造成的破坏更加剧了当地生态退化的态势，传统模式对生态资源的掠夺及生产排放的大量废弃物对当地生态退化起着推波助澜的作用，给脆弱性生态以致命打击，形成了人口的过度增长、贫困和生态环境退化的长贫困循环。鉴于岷江上游地区生态屏障的重要地位及生态环境系统的脆弱性，已经不能承受以“先污染后治理”的传统工业发展模式。

2. 岷江上游地区的资源禀赋特点对发展生态工业极为有利

工业生产形式必须建立在一定的自然资源基础之上，岷江上游地区的生态工业化道路，是对传统的掠夺式资源开发及粗放式生产过程的根本变革，当地丰富的植物资源、动物资源、矿产资源等是实现这一变革的物质基础。岷江上游地区的矿产资源相当丰富，许多矿种的储量均居全国之首，当地已形成了大量有名的矿区，这对合理、科学、高效、可持续采矿业的发展来说，无疑是一个潜在的比较优势。从长远来说，岷江上游地区独一无二的日光能、风能、地热能、水能等清洁能源，更是发展绿色能源工业的最佳资源。在岷江上游地区形成资源节约型生态工业和资源开发型生态工业是完全可行和应该的。

3. 岷江上游流域地区水电开发对生态环境的影响因素

岷江上游流域地区是阿坝州、四川省水电开发的重点区域，是四川重要的水电能源基地。水电在带动国民经济发展的同时也引发了一些生态环境保护与社会经济发展矛盾的问题，这在岷江上游地区这一生态脆弱和敏感地区就更为突出。岷江上游沿岸大部分区域属干旱河谷地带，降雨量少，蒸发量大，山高坡陡，植被稀疏，水土流失严重，自然生态系统十分脆弱，滑坡泥石流等山地灾害也时有发生，在该区内进行水电开发等大型工程项目就使得该区生态环境保护的形势更加严峻。水电开发对生态环境带来的影响主要表现在地质环境、水环境、水生生物和陆生生态系统等方面。从对地质环境的影响来看，在水电开发的施工过程中，因大坝、引水隧道、道路等系统工程的修建，对山体进行大规模开挖，会使地表发生巨大的改变，植被遭受破坏，大坝的构筑以及大量弃渣的堆放极易诱发崩塌、滑坡、泥石流等灾害。水库蓄水后，库岸地下水位会显著抬高，使岩层含水量由不饱和变为饱和，内部应力及物理、化学性能发生很大改变，凝聚力及抗剪力大幅度下降，强度急剧降低，在水位升降和风浪冲蚀作用下，出现库岸失稳、坍塌，从而可能诱发和加剧地质灾害的发生。从对水环境的影响来看，水电站修建后虽存蓄了汛期的洪水，但却截断了非汛期的基流，改变了整个下游河道的流量过程，使下游河道水位下降，甚至断流，以引水式电站尤为明显。水电工程的兴建对水质也有影响。在施工期的施工废水和生活污水多是直接排入岷江，对江水造成污染。在工程运行期，原来流动的水静止以后会经过很多化学的、热力的和物理的变化，可能导致水体自净能力降低，水体富营养化，水质恶化等。从对水生生物的影响来看，水电站的兴建在施工期和运行期对水生生物，特别是鱼类造成极大影响。岷江上游梯级开发，改变急流生境为平流，加之多梯坝层层阻隔，繁殖条件改变，饵料生物构成和数量变化等，全部和大部分河水经过涵洞隧道进入电站，其间有多段河道完全脱水，严重威胁了岷江上游原生鱼类的生存。从对陆生生态系统的影响来看，水电站的施工以及库区淹没对陆生生态系统的破坏是非常严重的。水电工程建设施工过程中破坏地表植被、加剧水土流失、涵洞引水造成河床干涸以及产生大量的施工弃渣，水电建设还分割和侵占野生动物栖息地，影响和改变区域的陆生生态系统，威胁生物多样性的存在，加剧生物物种的灭绝。此外，水库蓄水后淹没大量植被和景观，水库水位变动会在岸边形成涨落带，出现很多枯树及裸岩等，给区域生态环境景观造成消极影响，使河流失去本来面貌，山体呈现人工割裂的破碎情景。

4. 岷江上游地区的工业特征决定了只能走生态工业化道路

岷江上游地区原有形成的传统工业化道路以粗放型增长为典型特征，结构性矛盾突出。产业发展以资源型产品和初级产品居多，采掘业和原材料工业比例过高，精深加工业发展不足，产业配套能力较差。同时，由于山区道路遥远，干旱河谷地带狭窄，导致产业结构雷同，产业布局不够合理。生态工业提倡要素系统的开放性和能量的相对封闭性，注重物质、能量的循环利用，各种相关产业和生产流程之间可以根据生态工艺关系构成一个高效运转的有机系统，从而使产业结构趋于合理。生态工业“原料—产品—废弃物—原料”的生产模式可以大大延长产业链，促进精深加工业和服务业的发展，减少资源消耗，提高资源利用率，从而使经济增长质量不断提高。

6.1.2 岷江上游地区生态工业发展思路与发展布局

1. 岷江上游地区生态工业发展思路

积极推进工业产业结构调整和工业布局调控步伐，从本地区工业产品的生态化、企业的清洁生产、建设各种层面的生态工业园区等方法入手，把产业生态化理念贯穿于资源投入、企业生产、产品消费及其废弃的全过程，以资源节约和综合利用为重点，以技术创新为动力，推动“资源—产品—污染物排放”的传统经济模式向“资源—产品—再生资源”的循环经济模式转变，在岷江上游地区形成由水电工业、特色农产品加工、牦牛系列产品加工为主体的生态工业产业体系，从而使岷江上游地区工业具有科技含量高、经济效益好、资源消耗低、环境污染少的新兴生态工业化特色。

2. 岷江上游地区生态工业区域发展布局

(1)岷江上游东北部高原农牧生态经济作业区。以松潘、黑水两县范围为核心区，该区农牧业条件较好、资源环境约束性强、基础设施较好，形成加工工业集中区。充分利用本区丰富的旅游文化资源，加大对独具特色的旅游纪念品、民族手工艺品、旅游食品的研发力度，扶持、引进一批旅游产品加工企业，按照精美、新颖、特色的标准，开发一批具有市场竞争力的旅游商品，大力发展旅游产品加工业，实现旅游产品系列化、规模化和产业化。坚持走环境保护和可持续发展之路，加大矿产资源勘查力度，搞好黄金开采能力的扩建和新建，做好铁矿、锂矿、锰矿等资源开发，大力发展优势矿产加工业。打造农畜产品加工产业链，充分利用该区农业种植业和畜牧养殖业的特色资源优势，加快农业与畜牧产品加工业的整合，以优质畜牧产品基地为依托，集中力量重点发展一批大宗产品加工营销企业，逐步形成产品生产基地、市场营销机制和信息服务机制相配套的综合经营体系，大力发展农畜产品加工业。

(2)岷江上游西南部沟壑旅游生态经济观光区。以理县、茂县两县范围为核心区，该区开发建设基础好，具有较强集聚经济和人口的能力，形成水电能源业优势区、加工工业示范区。合理开发水能资源，积极发展生态能源。积极推进水电资源资本化，完善配套设施，加快电网建设，为打造最大的水电工业区奠定基础。按照流域电力建设思路，形成“三横一纵”的网架结构。加快恢复重建岷江干流流域、杂谷脑河流域、黑水河流域受损的水电企业。恢复重建受损的映秀湾、福堂、太平驿、桑坪、姜射坝、理县、甘堡、红叶等水电站。以优质农产品基地建设为依托，重点发展一批大宗产品加工营销企业，在该区重点发展秋淡蔬菜加工产业，特色水果加工产业、葡萄酒加工产业。

(3)岷江上游南部河谷工贸生态经济发展区。以汶川县范围为核心区，该区属极重灾区范围，灾后重建成效显著，具备较好的优势区位和开发条件，珍稀动物资源、民族风情旅游资源和水电资源极为丰富。以水电能源工业、天然药业为支柱产业，以生态农业、矿产业、交通通信为基础产业，以金融保险、中小企业、旅游业和科教产业为辅助产业，充分发挥靠近成都、绵阳、德阳又连接州内其他经济区域的区位优势，建成阿坝州的工业布局重点地区、四川省水电能源重要基地、立体生态农业示范区、生态休闲旅游和羌族人文风情旅游区、全州经济发展最快的地区和城市化水平最高的地区。

3. 加快岷江上游地区多元化农畜产品加工产业体系建设

在岷江上游地区生态经济建设中需深入贯彻“工业反哺农业”思路，以发展农牧业加工工业产业化为途径，着力打造阿坝州名、优、特、新农畜产品，大力推行“基地＋农户＋公司”等生产经营模式，基本形成与优势农产品产业带相适应的加工布局，实现农牧业供产销一条龙发展，推进农畜产品加工向高附加值精深加工发展，具体加工工业产业体系主要从发展特色农产品生产加工区和建设阿坝青藏高原牦牛经济园区两个方面入手。

第一，特色农产品生产加工区。以优质农产品基地建设为依托，集中力量重点发展一批大宗产品加工营销企业，逐步形成产品生产基地、市场营销机制和信息服务机制相配套的综合经营体系。在汶川、理县、茂县重点发展秋淡蔬菜加工产业和特色水果加工产业；在茂县、理县重点发展葡萄酒加工产业；在松潘、黑水等地重点发展豆薯荞加工产业、中药材加工产业和野菌山野菜加工工业；在黑水、理县等地重点发展沙棘食品系列产品加工产业；在茂县、汶川和松潘分别重点发展花椒、茶叶和青稞加工工业。

第二，阿坝青藏高原牦牛经济园区。按“生态化、集约化、工业化”模式，以畜牧业科技成果的集成与组装、研究与开发、示范与推广为主线，结合西南民族大学等高等院校畜牧业科技示范基地建设的时机，大力开展以牦牛为主的畜产品、藏(中)药制品精深加工产业。以培育龙头企业为核心，带动发展优质无公害畜产品及绿色、有机食品原材料生产基地，以产业化经营为途径，把阿坝青藏高原牦牛经济园区建设成绿色畜产品生产的示范、特色经济开发的样板、科技成果转化的基地、业主创业的佳园和牦牛产业化经营的典范，进而辐射周边地区，带动全州畜牧业经济的可持续发展。阿坝青藏高原牦牛经济园区按照“突出特色、突出重点”和“一区多园、一区多业”的原则，按其功能将阿坝青藏高原牦牛经济园区划分为核心区、示范区和辐射区。

阿坝青藏高原牦牛经济园区核心区位于红原县邛溪镇，呈带状布局在省道209线刷经寺至辖曼乡沿线地区。位于岷江上游地区的松潘县被列入示范区范围，采取“政府支持，科技服务、牧户经营、产业化运作”的模式，以专业园区和基地为载体，加快科学技术成果的转化，为核心区加工业提供充足的原料，为辐射区发展畜牧业做出样板。岷江上游地区的汶川、理县、茂县、黑水等四县全部列入辐射区范围，辐射区在核心区和示范区的引导带动下，以市场服务和技术支撑为导向，通过推广新技术、新品种，为核心区加工工业提供牦牛肉、奶、皮毛以及骨、血、头、蹄等副产物原料，增加牦牛肉、奶产量，促进畜牧经济发展和农牧民增收致富。

6.1.3　岷江上游流域生态工业发展路径

(1)企业层面——组织开展创建绿色企业(清洁生产先进企业)活动，提高工业用水重复利用率，创建废水零排放企业。有条件的企业引进关键技术，通过能源、水的梯级利用和废物循环利用，建立生态型示范企业。对污染物排放超过国家和地方规定的标准或者总量控制指标的企业，以及使用有毒、有害原料进行生产或者在生产中排放有毒、有害物质的企业，要依法强制实施技术改造或关停并转。

(2)产业层面——应因地制宜、有步骤地发展不同类型的生态工业园区，从而形成岷江上游地区产业生态化的中观结构，打造下述工业园区：以水电企业为核心的电力生态工业园区，以高载能企业为核心的水磨工业园区，以特色农产品加工、特色(藏羌文化)旅游产品加工、特色资源(花岗岩、水晶)加工为核心的加工工业园区，以阿坝青藏高原牦牛经济园区为核心的牦牛经济示范园区。

(3)流域层面——建立工业废旧资源再利用产业即环保产业来消化其他企业形成的这部分废弃物，完善资源回收利用体系和机制，形成资源消耗低、环境污染少、经济效益好为基本特征的国民经济体系和资源节约型社会。通过废弃物无害化产业来安全处置那些现有技术经济条件下无法利用的废弃物，连接所有企业，形成区域生态产业网络。在此基础上，形成汶川、理县、茂县 3 个循环经济试点县、4 个生态工业集中区、4 个农业生态园区以及 10 户清洁生产示范企业。

6.1.4　进一步优化岷江上游流域的工业结构

岷江上游地区走新型生态工业化道路，就必须坚持保护环境、节约资源和综合利用，不断调整优化工业布局和产品结构，大力发展生态能源工业，积极培育清洁工业，加速改造传统工业，努力提高生态工业整体效益。增加经济效率高、污染排放少的产业比重，支持发展环保型、节能型、科技型产业和产品。在产业的承接转移和灾后重建过程中，要严格执行环评和能评制度，严把项目的准入关，杜绝引进“两高一资”项目，从源头上切实控制能耗、减少污染。加大落后产能的淘汰力度，大力淘汰“十五小”和“新五小”企业，关停“低、小、散”及治理无望的重点污染企业。实行严格的能耗标准和总量控制要求，严格监督重点能耗和污染行业，以清洁生产为标准，设置行业准入门槛，对重点行业试行总量控制要求，采取上大压小、以新代旧等措施，为新建项目腾出总量控制指标。

在生态工业发展过程中，应注重运用知识手段和高新技术方法，以信息化带动工业化，使工业结构由资源密集型为主向技术密集型为主的结构演进，不断提升岷江上游地区产业的加工深度和增值程度，逐步形成工业化、知识化和生态化相互渗透与融合发展的新格局，以适应知识经济和生态文明时代的要求。从企业价值链出发，逐渐从加工组装环节向高附加值的产业链两端延伸，形成研发一生产一销售一服务较完整的价值链，并在产业链中争取控制关键的附加值高的链节，从而在产业分工中处于相关产业的优势地位。另一方面，从产业产品链出发，延伸、拉长、完善产业链，形成从上游原材料到下游终端产品的相互配套、相互促进的产品链。

6.1.5　加快岷江上游地区生态工业园区发展

2003 年，阿坝州人民政府正式设立了阿坝州工业经济园区，分别为汶川水磨工业集中区、汶川百花工业集中区、汶川桃关工业集中区、理县下孟工业集中区和茂县亚坪工业集中区。这五个工业集中区均在岷江上游地区，是在四川省建立高耗能工业经济开发区、作为发展高耗能工业的试点地区的背景下建立的。2006 年，国家发改委在对全国的经济开发区进行整顿清理后，正式确认阿坝州工业经济园区为四川阿坝工业园区，属省级开发区，这是我省 38 个省级开发区之一，也是我省三个民族自治州唯一一家省级开发区。2012 年，为整合资源优势，当地政府将工业园区与牦牛园区(阿坝青藏高原牦牛经济园区)合并，实行两块“牌子”一套人马的管理办法。汶川地震以后，园区的资源环境和土地承载能力发生了重大变化，加上汶川县水磨集镇的功能已作调整，客观上为园区进行结构调整和产业整合提供了条件。园区抓住灾后恢复重建契机，按照“调结构，上水平，全面推进产业升级”的总体思路，对园区的产业发展和区域布局进行了重新规划，把前述的 5 个工业集中区调整为汶川漩口新型工业园区、茂县土门高载能工业园区(含理县下孟高载能工业加工区、汶川桃关工业集中区)、茂县南新轻工业及农畜产品加工园区和松潘镇江关农畜产品加工园区(含牦牛园区)等 4 个工业园区。

阿坝生态工业园区建设要遵循下列原则：第一，在生态经济理念下加快推进园区产业结构调整，促进产业结构优化，完善产业布局。第二，坚持走新型化工产业道路，加快高技术产业化，积极推进信息化，采用高新技术和先进适用技术改造传统产业和工艺，淘汰落后设备、工艺和技术。坚决制止低水平重复建设项目，严格禁止高耗能、高耗水和高污染企业进入。第三，重点发展科技含量高、经济效益好、资源消耗低、环境污染少的高技术和新兴劳动密集型产业，充分发挥产业集聚的生态效应，大力发展生态产业。第四，加快建立生态工业园的基于网络的信息管理系统，方便信息的有效传递，实现信息的资源共享，吸引企业的规模集聚。

6.2　岷江上游流域生态农业发展

6.2.1　岷江上游流域生态农业发展总体分析

1. 岷江上游流域农业发展基础及制约因素

1)岷江上游流域农业发展基础分析

岷江上游地区是阿坝州经济发展较快的地区，也是全州重要的农业生产区，其中，汶川、理县、茂县三县为全州主要农业区。近年来，岷江上游地区各县在调整农业产业结构、增加农民收入方面狠下功夫，已初见成效。以反季节蔬菜、特色水果为代表的特色农产品基地建设已初具规模，新品种新技术引进加快，龙头企业的培育不断创新。现有发展基础如下：

(1)通过种养殖结构调整，农业产业结构和区域布局逐渐得到优化。在稳定粮食生产的基础上，大力发展畜牧业、特色种植业、农产品加工业、农村旅游业、劳务产业和农村第二、三产业。在种植业方面，粮食、经济作物及其他农作物的比重，由2007年的85.1∶4.4∶10.4变化到2012年的78∶6∶16；在养殖业方面，家禽、生猪产业得到提升，总增率、出栏率不断提高，畜群结构日趋合理。同时，种植业“三带”区域布局格局逐步形成，主要农产品开始向优势产区和产业带集中。品种品质结构逐步优化，杂交玉米、小麦、青稞良种和牛、羊、猪的良种覆盖面不断扩大。

(2)农业实用技术得到应用，但现代农业技术推广还处于起步阶段。岷江上游地区通过采取撂荒地复耕、加大优良种子引进、建立高产稳产农田、加强农作物田间管理、减少各种病虫害等措施来进行农业管理。通过加大对农业实用技术的推广力度，提高高半山农业生产率，为促进该区农业生产发展、农民增收奠定了基础。现有的技术推广中，依然是以传统的技术为主，代表先进生产力的现代农业技术的推广和应用范围尚小，发展还处于起步阶段；农业技术推广方式手段陈旧，效率不高，农业技术推广体系薄弱。

(3)政策措施落实到位，农民生产积极性较高。其一，完善土地制度。严格耕地保护制度，切实解决失地农民生计问题。足额兑现了失地农民的补偿费，妥善解决拆迁安置问题。实施了土地、草场承包经营权流转机制、集体林权制度、粮食流通体制、征地制度等相关改革。其二，农村综合改革成功推进。岷江上游地区各县参与全省民族地区农村综合改革试点，已顺利完成各项改革任务。其三是落实支农惠农政策。免征了农牧业税及其附加税，及时兑现粮食直补资金和退耕还林、退牧还草补助粮，开展了农机具补贴试点，实现了减负增收目标。

2)岷江上游流域生态农业发展的制约因素

(1)农业基础设施落后是造成制约生态农业发展的主要瓶颈。一是土地少、农田水利建设差、自然灾害多、生产率低下。岷江上游地区由于特殊的地理环境，农村和农耕地主要分布在河谷的冲击台地和高半山缓坡上，这样形成的农耕地面积小，零星分散，坡度大、土层薄、肥力低、水土流失严重。据统计，该地区128万亩耕地中，高产地仅35万亩，占27.3%，中低产土却多达93万亩，占72.7%，有效灌溉面积仅为27万亩。耕地数量少且耕地产出低，与特色农产品基地建设的要求相差甚远。就农业生产设施而言，农业总体上还是靠天吃饭，农田水利设施老化失修，末级渠系不配套，抵御自然灾害的能力不强。每年都有多种自然灾害交替发生，尤以干旱、冰雹、低温影响最大。二是农村交通、通讯、能源相对落后，制约农村经济发展。2012年底，岷江上游地区仍有48个行政村不通乡村公路，还有近5万农村人口尚未解决交通运输问题；农村通信条件更是落后，除沿公路村镇外，大多数高半山农村没有程控电话和移动通信。正是由于农村基础设施落后，严重影响了农产品产量和质量，制约了农业经济效益的发挥。三是农业基础设施不仅在存量上与现代农业的发展不相适应，在增量上也不能满足现代农业发展的要求。农田基本建设高潮是在“农业学大寨”时期，进入20世纪90年代后，农业基本建设的速度明显放慢，农业基建的固定资产交付使用率下降，尤其是水利基建部分更是下降明显。基本建设速度的明显减缓，严重制约了农业的持续、稳定、健康发展。

(2)农业产业化经营程度低是制约生态农业发展的主要原因。由于自然、气候、地理环境、区位、历史积淀等多重因素，岷江上游地区传统农业仍然占据着主要地位，农业产业化水平低。主要表现为农产品的“四多、四少”：大路产品多，低档产品多，普通产品多，原料型产品多；优质产品少，高档产品少，专用产品少，深加工产品少。品种少，数量小，质量低，是该区农产品生产中的主要问题。另外，农业产业化龙头企业引进难、做大做强更不容易。该区缺乏较强规模和辐射带动能力的龙头企业和中介组织，因而，难以适应市场经济的发展。土地承包到户后，种养方向的选择权在农牧民手中，许多农牧民的家庭经营呈现出了“小而全”现象，这增大了建设规模特色农畜产品生产基地，实现优质农畜产品区域布局规划的难度。

(3)劳动者素质低，农业科技转化率低，是制约生态农业发展的关键因素。岷江上游地区农业劳动者的科技文化素质较低，相当一部分人还充满了浓厚的“日有三餐、乐有酒烟、福有儿男，种田靠政府，找钱怕吃苦”“小富即安”的小农意识。劳动者自身素质的低下，不仅使他们对新技术、新知识难以吸收，不懂得科学种植和科学养殖，耕作和管理粗放，而且小农经济意识浓厚，缺乏市场竞争观念，从而影响了岷江上游地区向生态农业产业化转移的进程。

2. 岷江上游流域生态农业发展的重大机遇与耦合分析

1)宏观有利形势与扩大内需政策带来的重大机遇

我国已经进入以科学发展观统领经济社会全局的新阶段，建设生态文明、推进形成主体功能区、发展循环经济、建设资源节约型与环境友好型社会等一系列战略举措强有力地推进了可持续发展进程。这为岷江上游地区发展生态农业指明了方向，也为岷江上游地区发展生态农业提供了政策支撑。岷江上游地区发展生态农业，符合国际趋势，更是落实科学发展观，促进岷江上游地区可持续发展的重大战略选择。国家对宏观经济政策的调整坚决有力，出台了多项扩大内需的有力措施，加快民生工程、基础设施、生态环境建设和灾后恢复重建，提高城乡居民特别是农民和低收入群体的收入水平等一系列政策举措，是岷江上游地区加快灾后恢复重建与生态农业发展的重要保障。

2)灾后恢复重建带来的重大机遇

(1)基础设施加快建设的重大机遇。灾区农村迅速恢复农业生产、实施民生工程是灾后重建的重中之重，因此国家将投入巨额资金重建农村的基础设施，使得灾区能够恢复到震前水平并进一步发展。岷江上游地区在农村灾后重建规划中，对农村机耕道恢复重建、水利设施建设、农村供水工程建设、农业灌溉设施恢复重建、基本农田恢复重建也都做了具体安排。在援建单位的坚决支持下，岷江上游地区在短期内实现了村道等基础设施的恢复重建。可以肯定，灾后重建将是农村基础设施建设的黄金发展期。

(2)灾后重建的资金技术优势。在中央高度重视与社会各界的大力支援下，灾后重建短期内大规模重建力量的涌入，同时也带来了大量的资金、信息、技术与先进理念，尤其是大规模资金涌入，能够达到常规的财政转移支付达不到的效果，在一定程度上突破农业发展的资金瓶颈，促进农业发展。除此之外，灾后重建还有利于在企业和专家、科研院所之间搭建交流平台，形成农业发展的技术优势。

(3)产业升级的重大机遇。“5.12”特大地震发生之后，国家对岷江上游地区资源环境承载能力重新进行了科学评估，并进一步确定了重建分区、主体功能定位与发展方向。这给岷江上游地区农业在合理定位与布局的基础上进行重构带来了机遇，使得岷江上游地区能够根据各县域内多个乡镇的环境承载能力、资源禀赋、生产要素分布等，对产业进行统筹布局，支持发展特色优势产业，推进结构调整。

3)国家支持少数民族地区加快发展的机遇

国家长期以来高度重视少数民族地区的发展，分别从资源开发、扶贫开发、生态补偿、优先发展教育、完善公共卫生和基本医疗服务体系、加强基础设施建设、促进优势特色产业发展等方面出台了优惠政策并给予资金支持，同时，对少数民族地区和贫困地区的灾后重建项目，不要求省级以下地方政府提供配套资金，为岷江上游地区尽快恢复重建，促进生态农业发展，增强可持续发展能力提供了巨大的政策支撑。

4)岷江上游流域生态农业与环境系统的耦合分析

“耦合”一词是出自物理学中的一个重要概念，主要指两种或(两种以上)的体系或运动形式之间通过各种相互作用而彼此影响的现象。系统耦合指两个或两个以上性质相近的生态系统具有互相亲和的趋势，当条件成熟时它们可结合为一个高一级的结构功能体。从系统间发生作用的联系来看，生态经济系统是生态环境系统和社会经济系统的耦合系统。从自然环境和社会经济相互作用的意义上说，“生态经济系统的再生产过程是社会经济系统的再生产和自然生产系统的再生产相耦合的过程。”[1] 在岷江上游流域地区，脆弱的生态环境、资源的粗犷开发和地震灾害的影响使得水资源承载力指数较高，地区形成 PPE 恶性循环，生态脆弱与经济欠发达区的双重胁迫压力，要求在生态农业产业化发展过程中要紧密结合流域综合治理措施的进行，增加系统之间的耦合度。

对岷江上游流域地区，系统的耦合要从以下几方面进行。首先，应当在流域综合治理过程中，将工程措施和生物措施结合起来形成生态农业与生态环境的耦合基础条件。在坡度大于 25°的坡面上，营造水土保持林、水源涵养林和经济林，实行乔、灌、草、果结合，增加地面覆盖度，形成保水、保土的防护林；对 25°以下的坡面，与农、林、牧生产基地建设结合起来，建设农产品生产基地，通过兴修梯田或修筑水平阶、截水沟等工程措施，以拦截尽可能多的径流，保证水资源在农田生产过程中的充分利用。对于山底沟壑，通过兴修塘坝和小型水库等方法，拦截泥沙、滞洪蓄水，发展灌溉，还要辅之以道路建设。这样就形成了山顶、山坡、沟壑相结合，山、水、田、林、路相结合的综合治理模式。其次，加快农田基本建设进度，将治水改土与造林还草、农业生产与生态修复结合起来作为岷江上游生态农业与生态环境的耦合过程。搞好水平梯地建设，固定基本农田并使其向高稳产农田方面转化。据有关资料分析[2]，水平梯地比坡耕地平均减少径流 72.2%，土壤含水率提高 32%～40%，耕作层的土壤机械组成中<0.005mm 的黏粒增加 1%～3%。最后，把提升农业、农村污染防治水平作为岷江上游生态农业与生态环境的耦合途径。一方面要加强土地污染防治，重点控制农药、化肥的滥施乱用和农膜残留；另一方面注重农村环境污染防治，实行污染集中控制，促使其达到排放治理标准。重视畜禽养殖过程中产生的污染，采取措施逐步进行治理。

6.2.2 岷江上游地区生态种植业发展途径

1. 岷江上游地区生态种植业发展的模式选择

岷江上游地区的生态农业产业群落可以根据地形、气候、土壤等自然条件与

---

[1] 曹明宏，雷书彦，姜学民. 论生态经济良性耦合与湖北农业运作机制创新[J]. 湖北农业科学，2000，(6)：7-9.

[2] 孟国才，王士革，谢洪，等. 岷江上游生态农业建设与可持续发展研究[J]. 中国农学通报，2005，21(5)：372-375.

发展基础划分为三种类型，即河谷平坝生态农业、缓坡台地生态农业与高山生态农业。立足生态农业产业群落划分，岷江上游地区生态农业种植业发展应做好立体种养、农牧林结合、种养一体化等生态农业模式与技术的推广应用，促进整个农业生产步入可持续发展的良性循环轨道。在河谷平坝地区重点推广以粮畜(禽)蔬菜结合的粮经复合型立体养殖、种养集合的高效生态农业模式；在二半山缓坡台地重点发展果-草-畜(沼)循环经济模式，多层次开发和利用农业资源；在高山地区重点发展庭院特色养殖与生态经济林模式。

(1)河谷平坝粮经蔬复合型种-养-加模式。修复受损农田水利设施，引进最新高产抗病优质农作物新品种，利用粮食作物的季节差或间套轮作种植经济作物等途径，实施玉米套种辣椒或魔芋、玉米(白菜)-大蒜宽窄带间套轮作、茄果类菜行间套种春莴笋等，合理的间作套作、连作轮作，能充分利用土地资源，稳定粮食生产。大力发展反季节蔬菜、特色中药材及养殖业，以经济作物和养殖业增加经济收入，促进农业增效与农民增收。依托农业资源与交通优势，大力发展休闲观光绿色农业，以特色农作物为载体发展农业观光游、农家乐游、农耕体验游、农业休闲游，并依托特色农产品资源发展绿色食品制造业，延伸产业链。结合汶川的威州、绵虒，茂县的凤仪、南新，理县的薛城、桃坪等乡镇独特的气候、农业产业化基地建设具有一定基础的特点，紧扣农业生产和市场需求，着力培育一批农副产品加工龙头企业，形成从田园到餐桌的产业链条，努力把以汶川、茂县和理县的部分建设成为干旱河谷生态农业发展示范区。

(2)缓坡台地果-草-畜(沼)循环经济模式。该模式主要是依据农业生态系统中的生产者(果、草)、消费者(畜、禽)与还原者(菌)组成协调和平衡的循环利用关系，从而实现植物、动物、微生物互生共养，良性循环与高效转化。根据岷江上游地区的环境与条件，可以选择以下三种模式。以果树、牧草为主的“果-草-(畜)沼”模式。在果园下种植牧草，以牧草作为养殖饲料，以养殖废弃物以及果树修剪的枝条、杂草等有机废弃物作为沼气原料，生产沼气，或是利用有机废弃物生产食用菌，进而使沼气肥料与食用菌菌渣又返回果园。以庭院养殖为主的“种-养-沼”模式。农户养猪产生的猪粪用来发酵产生沼气，沼气用来发电或者用作燃气供农户家庭使用，而发酵剩下的沼渣用来培育果林，这样既减少了化肥的使用，又能给果林带来高产。还可以利用房前屋后坡度 25°以下坡地与台地种植地道中药材，大范围提高单位面积土地产出率。以花卉、食用菌为主的“种-养-菌”模式。如草坡乡着力开发的花卉、食用菌和养兔三个产业之间形成一个自然的生态循环经济圈。兔子的排泄物可以用于种植食用菌，而食用菌的栽培废料则可以用于种植花卉。缓坡台地是岷江上游地区农业布局的重点，应在稳定发展甜樱桃、猕猴桃、李子、核桃等优质特色水(干)果基地基础上，以市场需求为导向，加强农业组织化，重点发展草食性小家禽，尤其是山地鸡等生态畜禽品种，通过发展循环经济来促进农畜林产业互动，提高农业产出率。

(3)高山庭院特色养殖与生态经济林模式。高山地区光热条件丰富，农业开发以保护性农业为主，采取小规模生态农业模式，生态链条可长可短，关键在于可充分利用生态资源与农业资源。依托退耕还林(草)的政策优势，在高山地区大力发展种草、养羊、养牛、养鸡、养兔等庭院特色小规模畜牧业，逐步形成高山庭院畜牧经济带。高山地区海拔高、空气清新、环境无污染，对于小家禽可采用放养模式，使其自由活动、采食、配种、繁殖，回归于相似的野生环境。也可以结合旅游，开发一些小规模的“猎捕”活动，使游客享受农家乐趣。鼓励农户发展野兔养殖，因为野兔成活率高，繁殖快，肉质清香，其热量、脂肪、胆固醇含量低，具有较好的市场前景。在生态地区还可以种植开发生态经济林、生态茶叶、中药材、高山花卉、高山金针菇及鸡腿菇。其中，岷江上游地区高山地区发展无公害高山花椒具有独特优势，生产出来的花椒品质较高，人工采摘、晾干、去籽，整个过程均采用传统方式与工艺，具有较高的经济效益。

2. 岷江上游地区发展生态种植业的产业布局与基地建设式选择

1)岷江上游地区生态农业种植业发展的总体目标

岷江上游地区生态农业种植业发展的总体目标：以加快农业产业生态化发展为导向，以转变农业增长方式为主线，以科技进步为动力，以加强农业综合配套体系建设为保障，促进农业经济发展质量和效益的全面提升，打造岷江上游流域成为协同发展、规模集约、面向市场、民族和区域特色鲜明的生态农业种植产业体系。

2)岷江上游地区发展生态农业的产业布局

岷江上游地区发展生态农业的产业布局：依托特色产业基础，积极发展生态农业，大力发展“三大特色农产品”，加快构建“四大产业经济带”，逐步打造“十大特色农产品生产基地”。三大农产品为传统基础农产品、主导特色农产品、精品特色农产品。四大产业带为高原和中高山山区中药、青稞、豆薯特色产业经济带，半山优质特色干果、玉米产业经济带，沟壑特色水果产业经济带和河谷无公害反季节蔬菜、茶叶产业经济带。十大特色农产品生产基地为优质青稞基地、优质豆薯基地、特色水果基地、优质无公害反季节蔬菜基地、优质干果基地、生态绿色茶叶基地、道地中药材基地、山野菜人工种植基地、高原中低温型食用苗栽培基地、沙棘果品基地。

(1)三大特色农产品。①传统基础农产品——玉米、青稞、豆类、薯类。稳定玉米播种面积，实施农牧结合，大力推广优质蛋白玉米品种。建立青稞、豆类、薯类生产基地，提高产量和品质。②主导特色农产品——特色水果、秋淡蔬菜、茶叶花椒、优质干果。优先发展以甜樱桃、鲜食葡萄、酿酒葡萄为主的特色水果，加快生态绿色茶叶基地建设，稳定花椒面积，发展优质核桃，加快无公害秋淡商品蔬菜基地建设。

精品特色农产品——名贵中药材、沙棘、高原中低温食用菌、山野菜。在特色资源开发与保护相结合的前提条件下，打造特色品牌。

(2)四大产业经济带。①高原和中高山山区中药、青稞、豆薯特色产业经济带。在合理利用天然中药材资源进行精深加工的同时，大力建立中药材人工抚育基地，加速道地中药材人工生产基地建设和精深加工。青稞、豆类、薯类以优质产品生产基地建设为重点，提高产量和品质，增加优质产品总量，提高商品率和加工率。②半山优质特色干果、玉米产业经济带。稳定花椒面积，发展优质核桃，提高干果生产水平，发展产品加工业。稳定玉米播种面积，实施农牧结合，依靠科学技术提高单产，增加总产。③沟壑特色水果产业经济带。优先发展以甜樱桃、鲜食葡萄、酿酒葡萄为主的特色水果，并加大对农民收入有较大影响的苹果、雪梨品种，更新改造力度，科学管理，提升产品质量，提高品质，大幅度增加优质果品数量，提高产品的市场竞争能力。④河谷无公害反季节蔬菜、茶叶产业经济带。依托岷江上游地区南部潮湿多雾、立体气候特征，规模生产无公害反季节蔬菜，做大做强茶叶产业，形成产供销一条龙服务的市场体系。

(3)十大特色农产品生产基地。优质青稞基地(分布在松潘、黑水海拔2500 m以上的适宜区)、优质豆薯基地(分布在松潘、黑水、汶川、理县、茂县的高半山地区)、特色水果基地(分布在汶川、理县、茂县、黑水县的半山地区)、优质无公害反季节蔬菜基地(分布在汶川、理县、茂县的河谷地带)、优质干果基地(分布在全流域低山地区，以花椒、核桃和杏仁为主)、生态绿色茶叶基地(分布在松潘、汶川)、道地中药材基地(分布在全流域高半山区)、山野菜人工种植基地(分布在汶川、理县、茂县)、高原中低温型食用苗栽培基地(分布在松潘、理县海拔2600 m以上的适宜区)、沙棘果品基地(分布在黑水、理县的高半山区)。

6.2.3 岷江上游地区生态畜牧业发展研究

1. 岷江上游地区生态畜牧业总体分析

岷江上游地区拥有富集的畜牧资源，是列入全国五大牧区——川西北牧区的一个部分，也是四川省重要的草食畜牧业生产基地。岷江上游地区的松潘县具备草地生态畜牧业发展条件，畜牧产业在该县占有较大比重，其余 4 县具备不同程度的山区生态畜牧业、农区生态畜牧业和城郊生态畜牧业等三种发展条件。从资源条件来看，岷江上游地区所在牧区草原空气、水质和土壤纯净无污染，生态环境优越，具有发展生态畜牧业，生产绿色、有机食品所需的良好产地环境。丰富的资源，独特高品位的产品，为发展畜牧业奠定了良好的基础。同时，我们还要看到目前面临的挑战，由于草原超载过牧、自然灾害和人为破坏等因素，草原生态退化，“两化三害”(即草原的退化、沙化、鼠害、虫害、毒草害)状况日益突出，畜牧业生产方式落后，养殖结构不合理，动物防疫体系不健全，疫情防控的基础薄弱，严重制约了畜牧业的可持续发展，严重影响着畜牧业的产业化进程。

生态文明国家战略的逐步实施，社会主义新农村建设，灾后重建工作的顺利进行，长江上游生态屏障建设的进一步推进，民族地区的新发展机遇，为岷江上游地区发展生态畜牧业带来了良好的发展机遇。建设全国最大的牦牛产品加工区(牦牛经济园区，前述)和构筑青藏高原最佳的草原生态经济系统为该地区发展多种形式的畜牧生态化产业化建设提供了现实的发展机会。近年实行的“人草畜有机统一，牧工商一体化经营”的畜牧业生态发展模式，为岷江上游地区生态畜牧业建设带来了三个转变，即生态畜牧业以消耗资源为主的外延型增长向科技含量较高的内涵型发展转变，以牲畜头数为主的数量型增长向种群结构合理、经济效益较高的质量结构型转变，以生产、出售粗级产品为主的原料型粗加工向精、深加工增值型转变，以最有限的草原资源，饲养最好的牲畜，实现最佳的经济、社会和生态效益，畜牧业正在成为“对绿色经济带动强、农民增收贡献大、生态环境保护好”的大产业。

2. 岷江上游地区生态草地畜牧业发展研究

1)岷江上游草地资源条件分析

岷江上游草地资源可分为下列十种类型：高山草甸类、亚高山草甸类、山地疏林类、山地灌丛草甸草地类、山地草丛草地类、高寒灌丛草甸草地类、高寒沼泽草地类、干旱河谷类、亚高山林缘草甸草地类、农隙地草地类。我们将这十种类型的草地资源与岷江上游地区所属五县进行统计分析，形成岷江上游地区草地类型及分布情况(如表 6-1)。

表 6-1　岷江上游地区草地类型及分布情况

类型*	主要分布范围	天然草地面积/hm²	可利用面积/hm²	与耕地面积的比例**/%	产草量/kg	产草量的百分比***/%
①	上游五县	459147.9	378113.16	9.65	1398056317	53.47
②	茂县松潘黑水	144156.5	121499.74	3.1	691862626	26.46
③	汶川理县	13148.1	10701.65	0.273	46798307	1.79
④	汶川茂县松潘黑水	41303.4	30022.28	0.766	76093799	2.91
⑤	汶川	544.0	462.47	0.0118	151715	0.0058
⑥	理县茂县松潘黑水	88512.8	64372.19	1.643	178628088	6.83
⑦	松潘	14098.2	11983.79	0.306	19484130	0.745
⑧	汶川理县茂县黑水	40547.0	29292.48	0.748	22157800	0.847
⑨	松潘	35010.8	29759.22	0.76	179357895	6.86
⑩	汶川	757.0	643.47	0.0164	2059736	0.079
合计		837226	676850.5	17.275		100%

：①②③④⑤⑥⑦⑧⑨⑩分别代表上述的十种草地类型；：指可利用面积与耕地面积的比例；***：指某一种草地的产草量占所有草地产草量的比例。数据来源：阿坝州畜牧业发展十一五规划。

从表 6-1 可以看出，岷江上游地区高山草甸草地所占面积最大，其次是亚高山草甸草地，两类型占该地区草地总面积的比例分别达到 54.8%和 17.2%。这两类草地主要分布于岷江上游流域源头地区和松潘县的毛尔盖区，属青藏高原的东部延伸部分，以青藏高原代表牲畜——牦牛和藏绵羊为主要饲养畜种；从产草量来看，这两类草地也是最多的，分别占该地区产草总量的 53.47%和 26.46%；说明这两类草地是岷江上游草地畜牧业的主要基础。其余类型的草地主要是山地森林由于火烧、长期放牧等干扰破坏后所形成的次生植被类型，同时也是岷江上游地区生态上最为脆弱的植被类型之一[1]。

进一步对岷江上游各县的草地面积和畜牧业发展情况进行分析(如表 6-2)。五县的畜牧业产值在各县农业总产值中所占的比重都较高，均在 26%以上，平均达到了 30.91%，说明畜牧业在当地农村经济中占有十分重要的地位。松潘的

[1] 吴宁，刘照光. 青藏高原东部亚高山森林草甸植被地理格局的成因探讨[J]. 应用与环境生物学报，1998，4(3)：290-297.

草地面积绝对数以及草地占国土面积比例在岷江上游五县中排名第一，黑水第二，茂县第三，理县和汶川居于第四和第五；从2012年实际牲畜头数来看，松潘第一，茂县第二，黑水第三，汶川和理县差距不大，分别居于第四和第五；从21世纪以来畜牧业产值占农林牧渔业总产值的平均比例来看，仍是松潘第一，黑水第二，理县第三，茂县和汶川相近，分别居于第四、第五。将上述趋势与各县的平均海拔高度相对照，可以看出，岷江上游地区草地资源及畜牧业在农业经济中所占地位基本上表现了从高海拔到低海拔递减的趋势，存在垂直梯度分布，其变化趋势与植被气候的梯度变化基本上耦合。

表6-2　岷江上游各县草地面积分析及畜牧业发展情况一览表

各县	海拔/m	天然草地面积/hm^2	可利用草地面积/hm^2	占土地面积百分比*/%	牧业产值占农业产值的百分比/%	2012年牲畜头数
汶川	1 448	84 949.29	72 206.36	2.92	26.4	84 999
理县	1 887	106 939.13	74 593.64	3.02	27.1	74 305
茂县	1 590	110 945.35	86 017.76	3.48	26.3	136 241
松潘	2 850	345 263.99	293 473.73	11.88	45.3	252 031
黑水	2 000	172 290.06	141 912.38	5.76	29.45	118 393
合计	—	820 387.84	668 203.87	27.05	—	665 969

*：指可利用草地面积与土地面积的比例。数据来源：阿坝州畜牧业发展十一五规划。

2. 岷江上游草地畜牧业发展重点

目前，岷江上游草地畜牧业主要存在超载过牧、效率低下、生产技术和组织管理落后以及草畜种退化等方面的问题，除了应进行饲草的生产与加工、畜种改良和草种改良等技术和生产措施外，首先，应当考虑岷江上游地区的生态功能地位特征，即岷江上游属于生态敏感地区和生物多样性保护热点地区，草地的生物多样性价值和生态服务功能在资源的利用中应充分给予保证[1]，原来传统的草地畜牧业发展模式必须摒弃，而应转变为发展生态草地畜牧业发展模式，以便向市场提供具有较高经济价值和地方特色的生态畜产品。其次，推进两大还草工程(退牧还草和已垦草原退耕还草工程)，认真落实三项主要制度(基本草原保护制度、草畜平衡制度和禁牧休牧轮牧制度)，切实采取四项关键措施(完善草原承包

[1] Wu N. Indigenous knowledge and sustainable approaches for biodiversity maintenance in nomadic society — Experiences from Eastern Tibetan Plateau[J]. Die Erde,1997,128(1):67-80.

制、“两化三害”治理、基本草原建设和草原基础设施建设)，保护草原生态平衡，推进草地生态畜牧业的可持续发展。最后，要在建好五大优质牧草种子生产基地建设的基础上，积极推广优良牧草种植，加大牧区人工割草地和天然草原改良建设力度，扩大半农半牧区草粮(果)间(套、轮)作、秸秆氨化、饲草青贮技术推广面，推进种草养畜工程的全面实施。

3. 岷江上游地区发展生态畜牧业的产业结构优化与布局

1)岷江上游地区生态畜牧业的产业结构优化

岷江上游地区区域内的麦洼牦牛、河曲马、藏系绵羊、汶川铜羊、藏猪、藏鸡等十多个地方品种，具有非常明显的地域和品种特色优势，其中牦牛和藏绵羊的产品质量达到甚至超过各级绿色食品标准，开发加工潜力巨大，具有广阔的国内外市场前景。在充分发挥本地资源及品种优势的基础上，加大推进优势畜产品力度，发挥本地比较优势，实施一村一品，通过生态畜牧业结构调整，优化区域布局，调整畜禽结构，提高畜产品质量，提升畜产品竞争力，提高畜牧业的整体效益。按照区域特征和属地特性，充分发挥草地生态畜牧业、山区生态畜牧业、农区生态畜牧业和城郊生态畜牧业等模式在岷江上游地区的广泛应用。应从下述五个方面对畜牧业产业结构进行优化：第一，以市场需求为导向，以生态保护为基础，确立牦牛、藏鸡、藏猪、羊、麝和鹿为重点发展的畜牧品种，其中牦牛、猪和羊为该地区畜牧业的三大支柱产业；第二，优化“人草畜”结构，努力提高牲畜质量和养殖效率，减少牲畜数量，促进富余牧业人口向非牧转变，富余牧民转变为富裕“牧民”，使草地得以休养生息，推进“三个流转”(草场向联户流转、牲畜向联牧流转、人口向集镇流转)，促进草地生态良性循环，牧民增收；第三，优化畜群畜种结构，大力发展草食性牲畜和小家畜家禽养殖，转变生猪饲养方式，因地制宜发展特种养殖业；第四，优化畜产品质量，把生产无公害、绿色畜产品作为主攻方向，大力发展名、特、优、新产品，实施名牌战略和规范性生产；第五，优化经营结构，生产基地围绕龙头企业转，企业围绕市场转，个体围绕企业转，推进畜牧业产业化经营。

2)岷江上游地区生态畜牧业的产业布局

围绕建设特色生态畜产品加工区的发展思路，按照地区优势和资源分布特点，进一步确立岷江上游地区在阿坝州畜牧业布局的“两大畜牧业产业带”和“六大畜产品生产基地”中的地位和分量，形成具有岷江上游流域生态畜牧业特色的“两大畜牧业产业带”和“六大畜产品生产基地”的产业布局状况。

(1)两大畜牧业产业带。①西北部高原——牦牛奶、肉和藏系绵羊肉、毛产业带。岷江上游地区的松潘县位于此带。重点进行牦牛改良，提高牦牛乳、肉性能；重点引进绵羊改良品种，提高藏系绵羊肉、毛性能。②岷江流域——生猪、圈养山羊及特种养殖产业带。以岷江上游地区五县为主。生猪推广三元杂交改良组合，生产优质瘦肉型猪肉，圈养山羊以引进金堂黑山羊等肉用品种进行品种换代。藏猪、藏鸡等特种养殖以市场开发为主。

(2)六大畜产品生产基地。①特色牦牛奶源基地。草地奶业系统是高效生态畜牧业生产系统一个重要体现，按照“建设全国最大的牦牛产品加工区”的目标，依照红原乳业加工厂最大收奶半径，以红原县为核心，岷江上游地区的黑水、理县和松潘等适宜区均应引进高产奶牛并建立示范场，逐步形成牦牛品牌奶源基地。②优质肉牛肉羊基地。在岷江上游地区的松潘县等地，建立优质肉牛肉羊生产基地。牦牛、黄牛、山羊、绵羊均向肉用为主方向改良，逐步加大人工授精输配面积，采取“基地＋农户”、个体生产、集中季节育肥形式，实行规范饲养。从而提高肉用品质，提高产品质量，突出羔羊肉、嫩牛肉生产，形成优质牛羊肉生产基地。③麦洼牦牛、草地型藏系绵羊保种选育基地。以红原、若尔盖、阿坝以及岷江上游地区的松潘等地为主。麦洼牦牛、草地型藏系绵羊是阿坝州两大优势畜种。红原麦洼牦牛原种场要在现有基础上进一步扩大规模，划定保种选育区、扩繁区及生产区，严禁在保种选育区内进行杂交改良。若尔盖、阿坝及松潘要建立优秀种群的藏系绵羊保种选育基地，连片划定保种选育区，积极开展调查测定、建立核心群等选育工作。④良种山羊圈养生产基地。主要布局在岷江上游流域的五县和九寨沟县等地区，建立良种羊生产基地。以引进良种肉用山羊为主，加大种植优良牧草、圈舍规范配套建设以及营养平衡分类饲养等力度。河谷地带饲养金堂黑山羊等高繁快长品种，以更换低产退化严重的本地山羊群体，实行全舍饲养殖。高半山引进波尔或波杂羊以及南江黄羊肉用品种，改良藏山羊，推广半舍饲养殖。因地制宜，达到高效生产目标。⑤优质禽兔及特种养殖生产基地。优质禽兔专业化生产基地主要布局在岷江上游沿线(九环线旅游)和中心城市的九寨沟、松潘、黑水、茂县、汶川、马尔康、小金等地区。藏猪、藏鸡、麝、鹿等畜禽既具特种经济价值，又是绿色畜产品，极具竞争优势。⑥无公害生猪商品生产基地。以茂县为生产和加工核心区，岷江上游地区其余四县及九寨沟部分，配套建立 30 万头无公害生猪商品生产基地，实行连片、联营的专业化、标准化饲养，走规范绿色养殖、三元杂交改良的技术路线，使本区无公害养猪水平和数量得到大幅度提高。

6.2.4 岷江上游地区生态渔业发展研究

岷江上游流域共有鱼 28 种，分隶于 4 目 8 科 16 属，其中珍稀和特有鱼类及保护鱼类10多种，国家和省重点保护鱼类6种。由于岷江上游流域水质较好，因此是很多高原冷水鱼栖息繁衍的最佳环境。目前，流域内鱼类年产量大概为260 t。近年来，由于水电工程的大量建设以及渔民的肆意捕捞，严重破坏了鱼类资源的增长，制约了渔业经济的发展。此外，水质污染加重也是造成阿坝州渔业资源逐步减少的直接原因之一。

岷江上游地区应当加快生态渔业发展步伐，积极探索生态渔业的发展模式，以取得经济、社会、生态综合效益的更大提升。岷江上游地区生态渔业适宜的主要模式有：在岷江上游南部干旱河谷地区的大中水库水面发展“三网”（网箱、网围、网拦）养鱼，重点在紫坪铺水利枢纽工程，上游流域地区的狮子坪、毛尔盖、马桥、剑柯以及十里铺水库等发展以“三网”养鱼为主的生态渔业；在岷江上游东南部沟壑地区发展鱼、畜、禽相结合和渔业与种植业相结合的生态渔业，利用池边和流域水面周围的池埂或其他闲散土地资源种植饲料或蔬菜，水中养鱼，水上养鹅等禽类，利用丰富的流域资源和耕地、草原等资源发展鱼、畜、禽、种植、休闲旅游相结合的生态渔业，取得了较好的经济效益、社会效益和生态效益；在岷江上游地区旅游资源丰富、地理位置优越的地区依托水产企业和水产养殖户发展旅游休闲和水产养殖相结合的生态休闲渔业。

6.3 岷江上游流域生态服务业发展

6.3.1 岷江上游生态旅游业发展分析

1. 岷江上游地区旅游资源评价

1)资源类别多样，地域组合良好

岷江上游地区自然环境复杂多样，人文景观独特，无论是自然旅游资源，还是人文旅游资源都很丰富，是一个自然旅游资源与人文旅游资源皆备且旅游资源独具特色的区域。岷江上游地区是阿坝州乃至四川省旅游资源分布较为集中的地区，阿坝州绝大多数旅游资源均集中分布在该区，如位于阿坝州境内的省级风景名胜区和省级历史文化名城全部在岷江上游地区范围内。（见表6-3）。据2008年四川省旅游局、阿坝州人民政府联合编制的《四川汶川地震灾后阿坝州片区旅游业恢复重建实施规划》规划的三大旅游品牌及旅游产品体系就有多个在岷江上游地区。在世界自然遗产及生态旅游品牌中，阿坝州境内被联合国教科文组织纳入《世界自然遗产名录》的3处遗产地均在岷江上游地区的辐射区内，且岷江上游地区有黄龙风景名胜区和卧龙·四姑娘山大熊猫栖息地2个；以九寨沟、黄龙、大熊猫栖息地和大草原(湿地)国家公园为主要支撑的4个生态旅游品牌，岷江上游地区就有3个生态旅游品牌，并形成了世界自然遗产之旅、大熊猫家园生态之旅、大草原生态之旅等旅游产品体系。在藏羌文化旅游品牌中，桃坪羌寨、萝卜寨、黑虎羌寨等著名羌寨以及嘉绒藏族文化、碉楼、嘉绒藏寨等嘉绒文化均分布在岷江上游地区，形成藏羌文化走廊之旅、羌族文化探秘之旅等藏羌文化旅游产品体系。在地震遗迹旅游品牌中，利用"中国汶川"地震引起的广泛关注，借势发展地震遗址旅游，打造地震遗址文化旅游品牌。岷江上游地区旅游资源不仅类型多样，而且地域组合良好，同时也处在四川省最重要的旅游线路之一的九环线(九寨沟旅游环线)上，紧邻九寨沟、四姑娘山，占据阿坝州旅游资源最为丰富、旅游发展条件最好的东部地区主体的大部分。

表6-3　岷江上游地区主要旅游资源统计表(2012)

类型	阿坝州	岷江上游地区
加入MAB的自然保护区	卧龙、黄龙、九寨沟、米亚罗	卧龙、黄龙、米亚罗
国家级风景名胜区	黄龙、九寨沟、四姑娘山	黄龙
省级风景名胜区	黑水卡龙沟、理县米亚罗、茂县叠溪—松坪沟、汶川三江、茂县九鼎山—文镇沟大峡谷、汶川草坡	黑水卡龙沟、理县米亚罗、茂县叠溪—松平沟、汶川三江、茂县九鼎山—文镇沟大峡谷、汶川草坡
4A级风景区	黄龙、九寨沟、四姑娘山	黄龙
省级历史文化名城	松潘、汶川	松潘、汶川

注：资料来源见《四川统计年鉴2013》。

2)资源品位较高，特色优势明显

岷江上游地区旅游资源的特色非常突出，品位相当高。人间罕见的奇山异水，黄龙和大熊猫故乡卧龙都是世界级的旅游资源，西羌建筑与民族风情为独具特色的人文旅游资源，叠溪地震遗址是世界上地震遗迹保存最完好的地方之一[1]。此外，米亚罗风景区的红叶和温泉、峡谷森林、高山冰川景观以及多处红军长征遗址等也是颇具吸引力的旅游资源。位于松潘县的黄龙风景区是一个景观奇特、生态原始、保护完好，并具有重要科学和美学价值的风景区，1992年与九寨沟一起被世界遗产委员会批准列入世界遗产名录，属世界自然遗产。该景

[1] 周绪纶.叠溪地震的今昔——为建立叠溪地质公园进言[J].四川地质学报,2003,23(3):188-192.

区以彩池、雪山、峡谷和森林著称于世，这里有全球罕见的钙华(高寒喀斯特地区大面积钙华池、钙华流滩以及钙华瀑布)，是一座名副其实的“钙华博物馆”，同时也是世界净化水质的典范[1]。位于汶川县西南部的卧龙自然保护区是世界上少数的几处大熊猫栖息地之一，有世界上规模最大的大熊猫圈养种群，是我国首屈一指的“中国保护大熊猫研究中心”和重要的自然保护区，有世界一流的大熊猫繁育场，被联合国列为“国际生物圈保护区”，是极为难得的生物资源宝库和理想的科研基地。

3)区位条件优越，对外联系便捷

岷江上游地区紧临成都平原经济圈，是阿坝州距成都最近的区域，区位条件优越，对外交通比较方便。区内除有两条国道(国道 317 和国道 213)贯通南北外，还有映(秀)小(金)公路、茂(县)北(川)公路连接东西交通，所有公路均实现了“黑色化”。该区等级公里总里程达 1000 多千米。因本区位于四川省重要的旅游公路九寨沟环线的西南段，公路通车里程和电话机用户数等基础设施建设均居阿坝州前列。同时，位于松潘县境内的九寨沟机场已于 2004 年开始通航。都汶高速和茂绵公路均在震后恢复通车，在改善岷江上游地区的交通条件中迈出了坚实的一步。因此，岷江上游地区是阿坝州开发历史最悠久、对外联系区位条件最优的地区，也是阿坝州经济最为发达、全州工业经济最集中和基础设施条件最好的区域。

2. 岷江上游地区旅游业发展的现状与存在问题

(1)发展速度迟缓，资源开发利用程度低。岷江上游地区旅游业从 20 世纪 80 年代初期开始发展，随着 1998 年九环线交通条件改善后，游客人数不断增长。但由于宣传和公共基础设施限制等原因，该区旅游资源开发规模小。除松潘县旅游发展较快外，其余各县的旅游发展还处于初级阶段。岷江上游地区的旅游业在整个国民经济中的地位较低，且区内各县旅游业发展的差异明显。即使是本区旅游业发展最快、旅游收入最高的松潘县，其旅游业发展速度远不及邻近的九寨沟县。

(2)旅游产业地位确立，核心景区领先发展。旅游业已成为岷江上游地区经济的主导产业。2012 年岷江上游地区旅游业增加值是 12.67 亿元，占 GDP 增加值比重为 31.4%，旅游业增加值占第三产业增加值比重为 79%。其中，岷江上游地区的核心旅游景区黄龙、卧龙、大草原、达古冰川、民俗文化等发展尤为迅

[1] 潘江. 中国的世界自然遗产的地质地貌特征[M]. 北京：地质出版社，2002.

速，在该区旅游业发展中处于龙头地位。以 2012 年为例，阿坝州各大景区接待游客总人数为 756 万人次，2 个核心景区所占比例为 29.4%，门票收入中，2012 年阿坝州各大景区门票收入为 93989 万元，岷江上游地区的 2 个核心景区就占了 40.2%。(详见表 6-4)。黄龙、卧龙等核心景区在四川旅游业发展过程中处于领先地位。

表 6-4　岷江上游地区主要旅游核心景区旅游总量统计表

年份	接待游客总数/万人次				门票收入/万元			
	阿坝州各主景区总计数	岷江上游地区小计	黄龙	卧龙	阿坝州各主景区总计数	岷江上游地区小计	黄龙	卧龙
2006	323	81	75	6	21000	7866	7725	141
2007	445	155	136	19	42353	14471	14310	161
2008	527	159	139	20	478000	21321	21201	120
2009	611	172	149	23	74500	28820	28610	210
2010	656	175	164	11	80500	31539	31359	180
2011	704	178	181	16	86983	34515	34372	154
2012	756	181	199	23	93989	37771	37675	132

资料来源：《阿坝州旅游经济发展前期研究》。

(3)综合效益不强，短板效应明显。岷江上游地区地理位置特殊，旅游资源富集，各种旅游资源并存。草地、雪山、冰川、森林等自然生态旅游资源，民居、民俗、刺绣、传统节日等人文景观旅游资源，红军长征路线、会议旧址、革命纪念碑园等红色旅游资源，均在该区相对集聚。然而，除少量自然资源的开发相对较好外，民俗文化旅游和红色旅游开发相对滞后，旅游线路单一，旅游旺季和淡季相差悬殊，且旅游旺季时间持续不长，旅游资源未发挥出应有效益。对民族文化旅游资源的挖掘和开发不够，使得该区旅游资源开发形式单一，利用不充分，特别是对民族文化旅游资源的利用很是薄弱，形成旅游开发短板。岷江上游地区不但拥有世界级的自然旅游资源，而且蕴含有丰富厚重的历史文化和色彩斑斓的藏羌民族文化，但该区目前除理县开发了桃坪羌寨观光旅游外，大量的民族文化旅游资源还没有被很好地挖掘出来，这在很大程度上减弱了该区旅游资源的综合竞争力。

(4)基础设施相对滞后，旅游产品开发不足。岷江上游地区在“5·12”特大地震中陆路交通受到较大破坏，旅游业受此制约遭受到严重打击。游客接待量成阶梯状下降，空中通道承运任务不断增加，旅游通道严重不足，瓶颈制约问题突出。游客接待设施、通信设施和其他配套设施由于高原山地特征影响和经费投入不足等原因，远不能适应当地旅游发展的需求。由于长期以来形成的重景区管理开发、轻旅游产品及附属产业的开发，导致未能发挥旅游产品增加旅游业收入、扩大地区旅游知名度的重要作用。旅游产品的研发缺乏特色，吸引力较小，没有卖点，未能将旅游产品的研发同地方民族文化、特色景区相结合。

3. 岷江上游地区生态旅游业发展的地位与作用

前面对生态旅游的概念论述表明，生态旅游强调在生态旅游资源基础上发展旅游业的同时要处理好人和自然的关系，实现经济、生态和社会的协调发展。岷江上游地区旅游资源的突出特点和特征就是生态性强，而要实现岷江上游地区旅游业的可持续发展，应当依托生态资源、生态环境、生态文化，走生态、经济、社会协调发展之路。岷江上游地区各县应从生态文明的战略高度认识旅游开发与建设中的生态问题，坚持保护是开发的根本前提，开发要服从保护的原则，使生态资源得到保护，实现永续利用；既要金山银山，更要绿水青山，要统筹人与自然的和谐发展，达到“天人合一”的生态旅游发展的新境界。

(1)生态旅游业是岷江上游地区经济发展的优势产业。发展生态旅游业具有就业空间大、劳动就业成本低的特点，且有利于扩大内需、拉动经济，是最适合岷江上游地区经济发展的“朝阳产业”。在生态旅游业发展过程中，旅游经营者向游客经销一种无形产品，这种无形产品是由经营者向游客提供的一种能满足游客回归自然心理的优质服务。旅游行政管理部门要制定发展生态旅游的引导性、指导性意见，以发展生态旅游贯穿于岷江上游地区旅游产品宣传、促销和经营的全过程。

(2)生态旅游业是岷江上游地区灾后重建工作中的优化产业。生态旅游业是岷江上游地区第三产业中的龙头产业，能促进产业结构升级优化。旅游产业关联度高、带动性强，直接影响的行业有 12 个，间接影响的部门有 47 个。生态旅游业的综合效应明显，因此，岷江上游地区在灾后重建中要充分发挥生态旅游业带动性强的特点，带动旅游住宿业、餐饮业、交通运输业、旅游娱乐业、旅游用品和纪念品销售业等的发展。

(3)生态旅游业是岷江上游地区资源综合整合利用的战略产业。战略产业是指对提高和保持区域竞争力有重要意义，对地区经济运行有重要影响力的产业。岷江上游地区属于欠发达地区，其确立战略产业与培育支柱产业应该立足高起点跨越。旅游业是一个综合性的产业，它的发展涉及第一产业、第二产业等众多行业和部门，可以整合各个行业的资源为其服务。在岷江上游地区灾后重建的情况下，旅游业的发展可以整合阿坝州各产业的资源，在灾后恢复重建中起到关键的作用。

(4)生态旅游有利于岷江上游地区脱贫致富、民族团结、安民富民。岷江上游地区旅游业经过多年的发展，已成为当地居民主要的收入来源。灾后阿坝州的旅游格局并没有很大的改变，因此，发展生态旅游业，不仅可以使原有的从业人员就业，还可以增加更多的就业岗位使更多的人从事到旅游行业中来，使该区的人们获得稳定的收入来源，从而达到安民富民的目的。

6.3.2　岷江上游生态旅游业发展定位与布局研究

1. 岷江上游地区生态旅游业产业结构的调整

岷江上游地区生态旅游的目标定位是建设成国际性的生态旅游胜地、国际性的休闲度假、会议旅游地。为了实现这一目标，除了对生态旅游区域的形象定位和生态旅游空间布局进行调整之外，还应当进行生态旅游产业结构的优化，使生态旅游产业内部保持符合生态产业发展规律和内在联系的比例，保证生态旅游内部各产业之间及与岷江上游地区其他生态产业之间的持续、协调发展。

(1)旅游要素分析。吃、住、行、游、购、娱这六大要素，在旅游产业结构中可分为两大类：吃、住、行、游是旅游业的基础要素，而购物、娱乐是旅游业的提高要素。岷江上游地区生态旅游业六大要素的消费结构中，游客仍将主要花费用在餐饮、住宿、交通、游览上，购物、娱乐所占比例与东部相比有较大差距，与省内其他地区相比也仍有差距。这反映出岷江上游地区生态旅游产业结构不合理。通过收集到的四川阿坝州旅游局对 2012 年以来岷江上游地区旅游游客的消费构成统计分析，入境游客的消费构成中，吃、住、行、游需求弹性低的四大要素占消费总量的 69%，超过了 2/3。其中长途交通的支出占 31%，明显偏高，表明大九寨国际旅游门槛太高。而娱乐仅占 7%，购物仅占 11.3%，其他服务(如电信、保险等)仅占 9%，这些需求弹性高的部门在游客消费构成中所占比例太小，明显反映出产业结构不尽合理。因此，岷江上游地区生态旅游区应加快娱乐业和旅游商品业的发展，其旅游产业结构的调整和优化已迫在眉睫。

(2)旅游产业结构的协调发展。岷江上游地区旅游产业结构布局，主要考虑观光旅游需求，而产业的供给体系很不完善，结构普遍失衡。除了娱乐业和旅游商品业发展不足之外还有其他问题，旅游接待设施与旅游业发展速度不相适应；旅游交通运力不足，区域内公路特别是通往旅游区的公路等级较低；民航机型小，机场吞吐量小；餐饮业量大、面广、质低，缺乏有特色和文化品位的产品。因此，只有进行旅游产业结构调整才能推进岷江上游地区生态旅游业的进一步发展。

2. 岷江上游地区生态旅游业发展目标与总体布局

1)岷江上游地区生态旅游业发展主要目标

立足岷江上游地区生态旅游资源禀赋，开发旅游精品项目，坚持可持续发展战略，加大景区保护和建设力度，提高景区管理和经营水平，以规划为前提，以保护为核心，以管理为关键，以文化为灵魂，以政府为主导，以企业为主体，以市场为导向，以资本为纽带，构建岷江上游地区生态旅游产业体系，将岷江上游地区打造为拥有迤逦山色湖光、悠久历史文明、多彩藏羌民族风情，多位一体令中外游客心驰神往的世界级国际观光度假旅游胜地。

2)岷江上游地区生态旅游业发展总体布局

根据岷江上游地区生态旅游资源禀赋和区位条件，岷江上游地区生态旅游业发展要以形成“一区、两廊、二线、二枢纽、六线路、六片区”的产业布局为特点，在岷江上游地区核心区或辐射区范围内形成生态旅游发展主轴。

(1)一区：中国汶川旅游经济区。

(2)两廊：藏羌文化走廊、世界自然遗产走廊。

(3)二线：①南部环线：映秀—汶川—理县—马尔康—小金—达维—日隆—卧龙—映秀。南部环线内的主要景区是卧龙—四姑娘山大熊猫生态文化旅游区、嘉绒藏族文化区、米亚罗红叶风景区、毕棚沟风景区等。该环线的主入口是映秀、马尔康、小金，与其他环线的节点是马尔康、汶川(威州)。②东北环线：汶川—茂县—松潘—若尔盖—红原—理县—汶川。东北环线内的主要景区是九寨—黄龙国际观光休闲度假旅游区、茂县—汶川—理县羌族文化旅游区、冰川草原(湿地)旅游区等。该环线的主入口是映秀、茂县、或九黄机场，与其他环线的节点是汶川(威州)。

(4)二枢纽：汶川映秀镇(成都至阿坝的主入口)和茂县凤仪镇(茂县至北川交通枢纽、拟建川藏铁路两河口节点)。

(5)六线路：九寨、黄龙观光休闲度假游线路、大熊猫栖息地生态游线路、藏羌文化体验游线路、草原冰川生态游线路、地震遗迹游线路和长征遗迹游线路。

(6)六片区：九寨—黄龙国际观光休闲度假旅游集中发展区、茂县—汶川—理县羌族文化集中发展旅游区、卧龙—四姑娘山大熊猫生态文化旅游集中发展区、嘉绒藏族文化旅游集中发展区、草原(湿地)冰川旅游集中发展区和汶川(映秀)地震遗址旅游集中发展区。

3. 岷江上游地区生态旅游发展片区定位

1)九寨—黄龙国际观光休闲度假旅游区

九寨沟—黄龙作为世界自然遗产地，具有“童话世界”、“人间瑶池”的美名和魅力。坚持可持续发展战略，坚持绿色开发，按照在保护中有限开发、在开发中有效保护的思想，以国际旅游市场为主导，兼顾国内旅游市场，在严格控制环境容量、严格保护生态环境的前提下，以高起点、高消费、高效益的自然生态旅游观光为主，适度发展度假及会议旅游，将九寨沟—黄龙建设成包括世界自然遗产地的奇山异水自然景观，同时，又融合藏、羌风情和红军长征文化内涵的世界一流精品旅游区。

2)卧龙—四姑娘山大熊猫生态文化旅游区

卧龙大熊猫自然保护区在国内外都享有极高的声誉，拥有“熊猫之乡”的美誉，四姑娘山为国家级风景名胜区和自然保护区，被誉为“蜀山皇后”和“东方圣山”。卧龙与四姑娘山在地理位置上紧紧相连，在资源上各有特色，景区的互补性很强。通过加强区域合作与联合，对卧龙和四姑娘山的旅游资源进行整合，把卧龙和四姑娘山作为一个旅游区整体开发，将卧龙打造成以观赏大熊猫野外生活和科研保护为主题的自然生态观光、科普及研修旅游目的地，将四姑娘山打造成一个世界级的自然生态观光、度假、登山探险旅游目的地。

3)茂县—汶川—理县羌族历史文化

羌族是被称为“华夏民族之母”和中华民族史上的“活化石”，汶、理、茂三县以羌寨古堡为代表的羌族历史文化具有垄断性和唯一性，在严格保护区域生态环境和人文资源的前提下，以茂县凤仪镇为中心，将茂县、汶川县、理县建成世界级的羌族历史文化与羌族风情旅游区。

4)嘉绒藏族文化旅游区

该区域为藏族聚集区，充满浓厚的藏传佛教文化氛围，未来该旅游区的发展，应在严格保护区域生态环境和人文资源的前提下，建成涵盖藏族风情观光、藏传佛教朝圣和红军长征文化的精品旅游区。

5)草原(湿地)冰川旅游区

该区域位于青藏高原的东缘，由若尔盖大草原、红原大草原和阿坝大草原三个著名的川西北大草原组成。在严格保护区域生态环境的前提下，以“大草原”精品为特色，建成融大草原藏族风情观光、藏传佛教朝圣、红军长征文化和西部探险的精品旅游区。

6)汶川(映秀)地震遗址旅游区

该区域以“5·12”地震的震中汶川为中心，形成“成都—汶川(映秀)—茂县—北川—绵阳—成都”环线发展，充分利用“中国汶川”地震引起的广泛关注，借势发展地震遗址旅游，建设中国汶川地震遗址保护及纪念地项目，开发地震纪念旅游产品，弘扬抗震救灾精神，展示中华民族凝聚力，普及地震知识，缅怀罹难者，使地震核心区域成为世界知名的地震遗址旅游地。

6.4　岷江上游干旱河谷区生态经济发展与生态屏障建设耦合分析

岷江上游干旱河谷区生态经济发展与生态屏障建设研究，既有利于提高岷江上游地区的可持续发展战略，也有利于当地的生态经济发展和生态环境保护。本章根据生态屏障区构建的基本思路，以及结合生态经济区社会经济环境发展状况，从生态经济可持续发展角度着手，结合农业、工业、服务业三大产业，指出了能够持续协调社会经济发展与生态环境保护的发展模式。进而从生态管理、生态工程、生态产业三个方面共同促进生态屏障区的构建发展。

6.4.1　岷江上游干旱河谷区生态经济发展与生态屏障建设双向促进关系

增强生态产业经济实力是生态屏障建设的物质基础和重要保障，在生态屏障建设中意义重大。因为只有产业获得发展，才能带动整个地区经济的发展，扩大就业，增加农民的收入。只有培育特色产业，发挥比较优势，才能在市场竞争中取得主动；只有把产业发展、经济建设与生态建设结合起来，才能真正形成特色产业，才能在改善生态环境的同时发展经济，在发展经济的同时改善生态环境；只有发展具有特色的产业，建立能够发挥自身优势的产业结构，才能提高经济竞争力。因此，结合地区经济发展的基础与条件，资源密集型和环境压力型的产业也可以适度发展。

岷江上游干旱河谷区生态经济发展与生态屏障建设应遵循以下三个原则：第一，维持生态系统的健康发展。生态屏障体系建设为维持生态系统服务提供了最基本的需求，保持生态系统的稳定健康发展。第二，生态系统服务和人类福利的最大化。在一定的时间内生态系统的服务是有限的。生态屏障体系的稳定是维持生态系统健康的基础，同时也是维持生态系统服务的物质条件，只有在一定的物质基础的保障下，才能够促进生态系统服务对人类福利的最大化。第三，生态功能定位分异与利益分配的综合平衡。在对生态服务系统的整体规划和利用中，要合理地进行分配和定位，保证生态系统的有序进行和带动人们维护生态系统健康发展的积极性。

6.4.2　基于生态功能区下的岷江上游干旱河谷区生态经济发展与生态屏障建设分析

在明确开发原则和发展方向的基础上，加强生态功能区下的生态经济发展与生态屏障的建设，加强岷江上游干旱河谷区的生态功能区域的发展和创新，明确相关的管理制度，尽可能减少对自然生态系统的干扰，保护好生态系统的稳定性和完整性，以强化该区域的生态功能。对工业开发区域，要事先做好生态环境、基本农田等保护规划，减少工业化城镇化对生态环境的影响，避免出现土地过多占用、水资源过度开发和生态环境压力过大等问题，努力提高环境质量。对农产品开发区产区，要控制开发强度，优化开发方式，发展循环农业，促进农业资源的永续利用，要加强农业污染防治，提高环境质量等。

6.4.3　岷江上游干旱河谷区生态经济发展与生态屏障建设耦合优化结构分析

在岷江上游干旱河谷区生态经济发展与生态屏障建设耦合分析中，要采用适应性管理的模式。适应性管理基于生态系统功能和社会经济发展需要来建立可测定的目标，通过控制性的科学管理、监测和调控管理活动以提高数据收集水平，来满足生态经济发展和生态屏障需求方面的变化。在岷江上游干旱河谷地区，脆弱的生态环境、资源的粗放开发和地震灾害的影响，水资源的承载力指数较高，地区形成的 PPE 恶性循环，生态脆弱与经济欠发达区双重胁迫压力下要不断地增强系统之间的耦合度，采用适应性管理的模式能有效地处理这些复杂性的问题。

第 7 章　岷江上游干旱河谷区生态林业发展与生态屏障建设

7.1　岷江上游地区生态林业基础状况

岷江上游地区植被类型多样，岷江冷杉林、紫果云杉林、油松林、辽东栎林等植被交替分布，有许多生态特性完好的植被小区，动物资源丰富，是大熊猫的主要分布带(表 7-1)。汶川大地震及其引发的次生地质灾害对该区域生态系统造成严重破坏，是灾后森林生态系统恢复的重点地区。

该区域森林生态系统通过筛选植被快速恢复重建适宜乡土物种，构建植被恢复重建模式，沿海拔梯度建立河谷灌丛、中山阔叶林、亚高山针叶林以及高寒草甸植被实施恢复重建；震后关键交通道路沿线，风景名胜区、堰塞湖、主要河流河堤护坡地段等关键核心地段重点优先恢复，其他地区以自然恢复为主。促进岷江上游重要森林生态功能区的水源涵养、水土保持以及生物多样性保护功能的恢复。结合野生动植物保护和自然保护区建设，合理规划，科学经营，建立生物多样性保护信息系统，完善自然保护区的管理系统，全面提高生态系统服务功能。

表 7-1　岷江上游地区森林公园、自然保护区和风景区统计

类型名称	行政区域	面积/hm^2	主要保护对象	类型	级别	建立时间	主管部门
茂县土地岭森林公园	茂县	1412	—	国家公园	省级	1998	林业
雅克夏国家森林公园	黑水县	44889	—	国家公园	国家级	2003	林业
卧龙自然保护区	汶川县	200000	大熊猫等珍稀动植物、自然生态系统	绝对、科研、生物圈保护区	国家级	1975	林业
黄龙自然保护区	松潘县	40000	大熊猫等珍稀动植物、自然景观	世界遗产、天然风景区、生物圈	省级	1983	林业
白羊自然保护区	松潘县	76710	大熊猫、雪豹等珍稀动植物	自然资源	省级	1993	林业

续表

类型名称	行政区域	面积/hm²	主要保护对象	类型	级别	建立时间	主管部门
米亚罗自然保护区	理县	160731.7	自然生态、自然风景、珍稀动植物	自然资源	省级	—	—
宝顶沟自然保护区	茂县	19560	大熊猫、金丝猴、牛羚、豹等珍稀动植物	自然资源	省级	—	—
草坡大熊猫自然保护区	汶川县	52250.9	大熊猫等珍稀动植物	自然资源	省级	—	—
达古自然保护区	黑水县	62300	冰川、珍稀动植物	自然资源、天然风景区	省级	—	—
松潘龙滴水大熊猫保护区	松潘县	27000	—	—	县级	—	—
黑水卡龙沟风景区	黑水县	20898	自然风景	天然风景区	省级	—	—

资料来源：《阿坝州统计年鉴(2012年)》。

7.2 岷江上游地区生态林业发展分析

(1)森林资源持续增长，生态环境明显改善。岷江上游地区五县现有林地面积106.08万hm^2，占全州林地面积的43.4%，占岷江上游地区辖区面积的38.6%；森林面积124万hm^2，占全省的3.1%；蓄积2.4亿m^3，占全省13.8%，比80年代最低点18%净增7.4%，流域上游地区森林面积、蓄积和森林覆盖率实现了“三增长”。

(2)实施林业重点工程，加快国土绿化步伐。1998年以来，岷江上游地区相继实施了天然林保护、退耕还林、野生动植物保护、防沙治沙等林业重点工程，累计完成营造林面积达152.45万亩，累计完成义务植树1834万株，绿化覆盖率达到69.4%。

(3)林业产业快速发展，林农收入不断增加。建成特色经济林基地32余万亩，主要林产品产量达到3.1万t；大力调整林业产业结构，发展以水电、旅游、建材、冶金、中药材为主的森工转产项目37个，2008年地震灾后，岷江上游地区林业总产值达9.4亿元，在农牧民人均年纯收入中林业贡献达201元。林业为扩大农村社会就业，拓宽农民增收渠道、使林区农民依靠林业走上了富裕之路，促进地区经济发展做出了重要的贡献。

(4)森林保护卓有成效，林权改革不断深化。岷江上游地区五县进一步加强森林资源保护，实现了连续22年无重特大森林火灾发生，无大面积森林病虫灾害发生的好成绩。集体林权制度改革不仅是农村土地制度改革在林地上的延伸和发展，而且是家庭承包责任制在林业上的丰富和完善，更是一项重大的民生工程，对于森林资源增长、农民群众增收作用巨大。森工企业体制改革和职工妥善安置稳步进行。

7.3　岷江上游地区生态林业建设布局

7.3.1　岷江上游重要生态功能森林恢复区

生态功能森林恢复区以岷江上游地区五县为主要区域，其植被类型多样，岷江冷杉林、紫果云杉林、油松林、辽东栎林等植被交替分布，有许多生态特性完好的植被小区，动物资源丰富，是大熊猫的主要分布带。汶川大地震及其引发的次生地质灾害对该区域生态系统造成严重破坏，是灾后森林生态系统恢复的重点地区。通过筛选植被，快速恢复重建适宜乡土物种，构建植被恢复重建模式，沿海拔梯度建立河谷灌丛、中山阔叶林、亚高山针叶林以及高寒草甸植被恢复重建示范工程，促进岷江上游地区重要森林生态功能区的水源涵养、水土保持以及生物多样性保护功能的恢复。

7.3.2　岷江上游干旱河谷生态恢复型林业区

生态恢复型林业区以岷江上游地区的汶川、理县、茂县为主要区域。该区属干旱河谷地区，植被呈干旱河谷景观，光热条件好，降雨量少，蒸发量大。汶川大地震及其引发的次生地质灾害使区域大面积山地森林和灌丛退化成裸地，水土流失严重，对该区域生态系统造成毁灭性破坏，属造林困难地区。本区生态系统比较脆弱，冬春干旱，应加强护林防火和依法治林，因地制宜，草、灌、乔相结合，圈舍饲养牲畜，减少牲畜危害，严格控制林地荒漠化。加快干旱河谷治理，加强封山育林力度。对汶川威州镇实施地震创面生态修复示范工程和映秀镇水土流失及植被快速恢复工程，摸索该区域森林生态系统的恢复方式，努力恢复森林植被，维护生物多样性。

7.3.3　岷江上游生态屏障型林业建设区

生态屏障型林业建设区以岷江上游地区的理县、黑水、茂县和松潘为主要区域。该区地处岷江和大渡河水系的源头地区，属高山峡谷地区，森林资源相对集中，为水源涵养林保护带，是阿坝州高山峡谷区和高原区的过渡地带，其地理位置特殊，是长江中、下游地区的绿色天然屏障。而且其中森林树种多样，伴生树种丰富，野生植物种类较多。该区的森林植被对长江中、下游地区起着重要的绿色生态屏障作用，对国家南水北调工程及国家多项林业工程至关重要。因此，需要努力提高造林成效，充分发挥其涵养水源、防止水土流失的作用，加大人工造林力度、人工促进天然更新换代，发展野生植物培育繁殖业和林下资源精深加工业，发展庭院经济、森林药材业、森林食品等，促进产业规模经营，尽快恢复生态环境，保护和发展好现有林业生态系统。

7.3.4　紫坪铺库区防护型林业建设区

防护型林业建设区位于汶川县漩口、映秀两镇范围内，地处四川盆地向川西北高原的过渡地带，盆周山地地形区，半湿润河谷山地类型。汶川大地震及其引发的次生地质灾害使该区域生态系统遭受重创。重点在紫坪铺库区周边海拔 880～2100 m 的宜林荒山、灌丛地内，集中成片营造水土保持和水源涵养生态公益林，树种以元宝枫为主，混交辐射松、银杏、红枫、漆树、金叶榆等景观树种。加快紫坪铺水库库周护岸防护林带建设，选择水库周边地区、渣场、料场、临时施工区，新建公路两侧等为生态恢复重点。结合寿溪河、古溪沟、渔子溪、桃关沟等小流域水土保持项目进行生态林建设，综合治理改善区域生态环境现状，提高库区周边林地的生态环境服务功能。

7.4　岷江上游地区生态林业发展目标与对策

岷江上游地区生态林业发展的目标是以生态环境建设为中心，提高林业整体效益为目标，以科学发展观为指导，科技创新为先导，增加森林资源、恢复森林植被、改善生态环境，建设长江上游生态屏障，加快林业产业化进程，巩固和发展造林绿化成果，加快林业工程建设，实现资源增长、环境优化、效益提高的生态林业发展道路。

岷江上游地区生态林业发展对策。首先，应加强该干旱河谷区的森林植被恢复研究。①尽量选择乡土树种为主，调整树种组成，优化林分结构，培育近自然的混交、复层、异龄林，提高森林生态系统的稳定性和适应性，最大程度维护区域生态平衡。②重视森林群落中关键种或建群种的种子库季节动态变化研究，对外来入侵物种土壤种子库的动态及对群落物种多样性的影响机理开展研究。③在深入研究土壤种子库在地震灾区森林植被恢复与重建中所起重要作用的基础上，如何利用森林土壤种子库促进群落结构与功能恢复，加速群落的正向演替进程。其次，加快集体林权制度改革，广泛吸引社会资金。按照放活经营权、落实处置权、保障收益权的原则，在深入推进集体林权制度改革的基础上，通过拍卖、承包、租赁等形式，加快宜林“三荒”使用权的流转，促进社会造林工作的快速发展；落实以项目竞争招标制为重点林业管理新机制，不断完善发展社会造林的相关政策措施，加大扶持力度，规范工程管理，推动社会造林健康快速发展；广泛吸纳社会资金投资林业建设，对经营规模大、科技含量高、带动能力强的民营造林大户和企业造林，在政策、技术等方面优先扶持，培树典型，发挥示范带动作用。最后，建立符合岷江上游地区的林业生态效益补偿机制。根据国家、省的相关政策，建立符合岷江上游地区的森林生态效益补偿机制，建立责、权、利相统一的公益林补偿机制，公益林补偿资金纳入各级政府财政预算，并随财力的增长逐步提高补偿标准，对生态效益直接受益或对生态造成损害的单位，应当从其经营收入中提取一定比例的资金，用于生态公益林的保护、建设及对所有者的补偿。

7.5　岷江上游干旱河谷区生态林业发展与生态屏障建设关联分析

林业是生态环境建设的主体，担负着培育和保护森林资源、改善生态环境、促进经济与社会可持续发展的使命。岷江上游干旱河谷地区是我省长江上游生态屏障建设的关键地区，对四川林业的发展和区域内民族经济的建设具有重要的影响，因此生态林业是生态屏障建设的重点内容。根据生态屏障区构建的基本思路，结合长江上游干旱河谷地区生态林业的发展状况，从三个方面分析两者之间的相互促进作用。通过实施一系列发展生态林业的政策，构建生态屏障，促进经济发展，富民增收，大力发展林业，推动生态屏障建设。

7.5.1　岷江上游干旱河谷区生态林业直接服务于生态屏障建设

生态屏障的构建加快推动了岷江上游干旱河谷地区生态林业的发展。当前该区域生态林业植被脆弱，区域整体呈退化趋势，对当地经济社会的可持续发展构成严峻挑战。为了发展生态林业，恢复植被，提高森林覆盖率，构建区域完整垂直地带的植被谱带，政府一方面大力实施生态屏障建设，组织有关部门和专家调研、论证，提出了“生态优先、兼顾产业发展”的生态工程实施总体思路和“统筹规划、突出重点、因地制宜、分类指导、科技兴林、依法护林”的建设原则。另一方面通过因地制宜的路线，按照植被恢复的自然规律，以宜乔则乔，宜灌则灌，宜草则草的原则，坚持生态植被恢复工程，实现多元化造林。加快集体林权制度改革，广泛吸引社会资金，通过一系列重大生态工程建设，构建长江上游生态屏障，大力营林、造林，推进林业脱贫攻坚。建立符合岷江上游地区的林业生态效益补偿等政策的生态林业。

7.5.2 岷江上游干旱河谷区区域经济发展促进富民增收

构筑岷江上游干旱河谷区生态屏障建设，能够提高土地生产率，确保民生经济发展。岷江上游干旱河谷区区域经济的发展有助于贫困地区脱贫攻坚。因此一方面要建立农林复合生态系统，发挥生态屏障作用，改善农业小气候，从而提高土地生产力，降低洪涝灾害，提高区域经济效益，确保农业稳产高产。另一方面要通过建设生态屏障，实现森林面积的增加和森林蓄积的增长，从而达到农民增收的总体目标。同时建设优质经济林，实行乔、灌、草、果结合，增加地面覆盖度，形成保水、保土的防护林，从而使山区农民从过去依靠单一的农业种植收入成功转变为发展旅游商业、就近务工、土地流转等多渠道增加收入，走上富裕之路，并且促进地区经济发展。

7.5.3 岷江上游干旱河谷区生态林业是生态屏障发展的关键要素

发展生态林业是生态屏障建设的物质基础和重要保障，在生态屏障发展中起着重要的作用。岷江上游干旱河谷区生态林业的建设提高了该区域的森林覆盖率，生态林业在生态环境的不断改造下，生态效益明显提升，新增森林面积不断提高，生物多样性逐步恢复，不仅可以改善植物群落的生态结构，增加动物的种群和数量，还可以抑制生态退化，提高综合治水的面积，防止水利设施遭受破坏。因此，林业的发展不仅可以保护和改善国土生态环境，而且可以降低水土流失、干旱缺水、风沙危害、物种减少、洪涝灾害等生态环境恶化的问题，以此来提高区域经济发展和人民生活水平质量。生态林业肩负着优化环境与促进发展的双重历史使命，在实现区域经济社会可持续发展中，始终处于极其重要的基础和主体地位，发挥着无可替代的保障和支撑作用。

发展岷江上游干旱河谷区生态林业的生态屏障建设，就要实施生态植被恢复工程，促进生态效益提升，保护生态环境，合理利用资源，实现可持续发展；通过生物措施，扩大上游地区植被覆盖，减少病虫鼠害，增强生态调节功能的整治方式；实施天然林保护、退耕还林还草、“长防”、“长治”等国家重大工程。森林具有蓄水保土、防止水土流失和江河淤积，遏制土地荒漠化的作用。因此，加强森林的保护和建设，提高森林覆盖率和绿地面积，是岷江上游生态屏障建设至关重要的一环，同时还能有效改善农业生态环境，以及保护人类的整个生存空间。

第8章 岷江上游干旱河谷区生态人居体系与生态屏障建设

8.1 建设目标与城镇功能

岷江上游地区的人居环境体系建设要充分利用独特的地理环境和悠久的少数民族文化，将居住环境的改善与生态环境的保护有机结合起来，完善城乡基础设施，提高城市化水平，强化城镇人均公共绿地面积，建立融藏羌民族风情的生态人居体系。

城镇功能布局的总体思路：“强化中心城市，发展重点城镇，以产业促城镇”。岷江上游地区是一个经济发展相对落后的少数民族地区，交通不便，城镇化水平低，基础设施较差。为充分发挥城镇集聚效应，保证基础设施的配套完善及有效运作，结合区域主体功能划分以及道路交通、旅游和矿产开发等产业发展方向，选择社会经济基础、交通条件以及地理环境等相对较好的城镇作为城镇培育的重点，扩大其规模，促进区域产业和人口的集聚，发挥其对阿坝州经济的带动作用。

8.2 景观结构建设

8.2.1 美化城镇生态景观

城镇景观建设要因地制宜，设计必须符合城镇的发展方向，严格保护历史文化遗迹和风景名胜资源，充分利用流域景观、山川景观和道路系统，建成集自然风貌和民族文化特色为一体的生态城镇。岷江上游核心城镇威州镇，应以两河交叉为其城市风貌的中轴线，以群山为依托，形成山水空间形态和一展山水城相互串通的景观走廊。

8.2.2 完善公共绿地系统

加强总量适宜、分布合理、植物多样、景观优美的城市绿地系统建设。加强城镇中心区、城郊结合地区的绿化建设，大力推广屋顶绿化、立体绿化。加强城镇的大环境绿化和城镇绿化隔离带建设，大力推进城区周围、城市功能分区的交界处的绿化隔离带建设，并逐步形成规模。加大道路绿化量，提高道路绿化的景观水平。

8.2.3　创建绿色社区

从社区生态文化建设的角度，加强历史文化的整理和宣传，弘扬民族精神，提高居民保护名城的意识，组织民间艺术社团，继承和发扬民间传统文化。包括戏曲、酿酒、手工艺等，鼓励民间艺术家的艺术创作、表演和传承；组织生动活泼的社区生态文化宣传活动，鼓励居民积极参与生态社区建设，提高居民生态保护意识的同时活跃居民生活，提高文化品位；倡导资源节约、环境友好、适度消费、自觉文明的现代新型生活方式。

从社区环境卫生管理的角度，合理分布街道和居民区的垃圾箱，禁止向河道丢弃废弃物、排放污水等，沿河开设的店铺对河道清洁卫生实行分段承包，安排专人负责打捞河面漂浮物。在保持目前水体色度和浊度不升高的基础上，争取水质的逐年改善。

8.3　完善城镇基础设施

8.3.1　城镇供水及排水系统建设

对安全性差、污染严重以及造成供水“瓶颈”的老化管网进行改造，加快水厂的技术改造，提高供水厂的技术水平和处理能力。加强市场监管，建立并完善城镇供水的政府监管体系，建立健全城镇供水的水质督察体系、城镇供水的服务监管体系和城镇供水的价格监督机制，保障城镇饮用水质。

加强对污水处理后污泥的处置。根据环境要求，结合污泥产量、性质、处置后污泥的接纳条件等因素，合理布局区域农业、填埋场位置等，综合对比各种处置途径，确定科学的污水处理设施布局和建设方案，实现污泥的安全处置，避免产生二次污染。大力推动污水的再生利用，在进行技术可靠性、经济合理性和环境影响的全面论证和评价的基础上，发展再生水在园林绿化、市政环卫、城市公用、工业冷却等方面的利用。

8.3.2　城镇生活垃圾处理设施建设

采取综合措施，选择先进的适用技术，大力遏制城镇生活垃圾产生量和包装物品消费量持续增长的态势，全面提高城市垃圾收集、运输、处理、处置和综合利用的科技化水平，推进城市生活垃圾处理减量化、资源化、无害化，改善城镇的市容、市貌和环境卫生。

8.4 城镇体系规划设计

8.4.1 行政建制调整

1. 升级县级市

城镇建设应实施重点突破原则，结合岷江上游地区的经济区划分，选择社会经济基础较好，交通方便，区位优越，矿产、旅游、农牧副资源丰富，气候温和，海拔较低，地势比较平坦，有较好人居环境的城镇提升为县级市，作为本区城镇培育的重点，促进产业、人口的集聚，充分发挥集聚规模和集聚效益。

茂县凤仪镇、汶川威州镇、松潘县进安镇在中、远期可考虑升为县级市。茂县凤仪镇是成都进入阿坝的门户，历史悠久，工贸旅游业有较好基础，用地用水等城镇建设条件较好。汶川威州镇是阿坝州的南大门，也是阿坝州的“工业经济走廊”，可打造为全州工业经济中心。松潘县进安镇是九寨沟黄龙的旅游服务基地，和九寨沟联合起来作为全州具有国际地位的旅游中心，带动全州旅游经济发展。

2. 增设建制镇

本区域地势辽阔，地形复杂、交通不便，城镇稀少，很不利于发挥城镇对区域经济的带动作用。因此应结合道路交通、旅游和矿产开发等产业发展方向和游牧民的生态移民，适时发展一批有产业依托、人居环境条件较好的乡集镇作为新的建制镇，也是作为生态移民的接纳地，以带动全区发展。

一级中心城镇：由 2 个县的城关镇组成，包括茂县凤仪镇、汶川威州镇。二级中心城镇：由其余 3 个县的城关镇组成，包括理县杂谷脑镇、黑水芦花镇、松潘县进安镇。三级中心：由 8 个重点建制镇组成，包括汶川县映秀镇、卧龙；理县的薛城镇、米亚罗镇；茂县的南新镇、叠溪镇；松潘镇江关；黑水卡龙镇。四级中心：由 11 个普通建制镇组成。包括汶川县绵池镇、水磨镇、漩口镇和新设镇三江；理县的古尔沟镇和新设镇桃坪；茂县的新设镇回龙、富顺；松潘新设镇小河、毛尔盖；黑水新设镇色尔古。五级中心：一般乡集镇，包括龙溪乡等 34

个乡集镇。

8.4.2　岷江上游地区城镇中心职能和经济职能

1. 城镇中心职能

一级中心：是本区的政治、文化中心或者经济、旅游中心。由威州镇、凤仪镇、川主寺等 2 个县城 3 个建制镇一起承担。威州镇：为本区工业经济和文化教育中心。由茂县凤仪镇、川主寺镇联合起来作为本区旅游服务中心。二级中心：包括 3 个一般县城，是各县的政治、文化、经济、交通中心。三级中心：包括 8 个重点建制镇，是本区各县片区性的中心，起着带动 2～5 个乡镇社会经济发展的作用。四级中心：包括 11 个普通建制镇，是城镇的基础，镇域的政治、文化经济中心。五级中心：一般乡集镇，是本区城镇和乡村联系的纽带。

2. 城镇经济职能

本区城镇职能要结合农牧业、绿色产业、水电产业、旅游业等支柱产业，突出发展以农牧业、绿色产业、旅游业为特色的农贸旅游型城镇；以水电和配套产业为特色的工贸型城镇；以旅游业、水电业为特色的工贸旅游型城镇；以旅游业为特色的旅游型城镇；以农牧业绿色产业为特色的农牧商贸型城镇；以农牧业、绿色产业、旅游业、文化产业兼备的综合型职能城镇。

①综合型职能城镇。威州镇为本区的政治、文化、金融信息中心。经济职能以旅游、商贸、绿色产品加工为主，大力发展商业贸易、旅游服务、金融信息、保险、法律、咨询、房地产、文化教育科研等产业；工业以无污染的绿色产品加工为主，立足带动本区社会经济向更高的层次发展。②旅游型城镇。本区旅游资源丰富，大部分城镇均有旅游职能，比较突出的旅游型城镇有 7 个：松潘县进安镇、川主寺镇、汶川映秀镇、卧龙镇、理县米亚罗镇、桃坪、茂县叠溪镇，是我州国家级、省级风景区、自然保护区所在地镇。其他重要旅游型城镇有 9 个：漩口镇、三江、杂谷脑镇、薛城镇、古尔沟镇、凤仪镇、芦花镇、色尔古、卡龙。③工贸型城镇。包括威州镇、水磨镇、南新镇。④农贸旅游型城镇。包括两河、柯洛、巴西。⑤农牧商贸型城镇。包括毛儿盖、色尔古、安曲。⑥工贸旅游型城镇。包括绵虒镇、漩口镇、镇江关。

8.4.3　城镇空间结构

“二心两轴”分散式多中心城镇空间结构：一心——威州镇工业经济和文化

教育中心；二心——茂县凤仪镇、松潘县进安镇联合构成本区旅游服务中心；一轴——旅游文化走廊，即九环线(国道 G213 线、省道 S301 线)，包括汶川、茂县、松潘；二轴——经济发展走廊(国道 G317 线、省道 209 线)，包括汶川、理县。

基本形成以威州镇、松潘县进安镇为中心，一般县城为骨架，重点建制镇为支撑，普通建制镇为基础，由小城市、小城镇、乡集镇组成的层次分明、规模适度、结构合理、功能优化的州域城镇体系，逐步形成以经济发展走廊、旅游文化走廊为城镇发展轴线的点轴状城镇空间结构。

8.5 岷江上游干旱河谷区生态人居环境优化与生态屏障建设目标分析

生态屏障建设的目的是通过科学生态空间的划分，制定严格的管控措施，确定生态保护红线，界定城市增长边界；控制生态空间要素，维护整体生态安全；同时注重保护和利用相结合，促进生态空间功能多样化，为城镇居民提供休闲游憩、文化娱乐等富有生活意义的场所，营造城镇记忆、乡村记忆的空间载体。生态屏障建设的落脚点是人居环境的优化、健康城市的建设、城镇空间品质和城镇居民生活质量的提升。

8.5.1 岷江上游流域地区城镇结构优化有助于生态屏障建设

通过划定生态空间、梳理生态要素等措施，岷江上游流域地区的城镇原生空间呈现出一种介于山水之间的整体内在联系性，比一般城镇更具有层次性、连续性、秩序性，地域特征明显，民族风情独特。针对岷江上游流域地区的城镇特色，通过宏观、中观、微观三个层次框架对该地区城镇空间形态进行研究控制，是岷江上游流域地区人居环境优化的重要内容，亦是最能让城镇居民参与、体会和感知的部分。

宏观层次，体现整体的联系性，重点在于城镇总体空间骨架的架构。从山水格局、空间关系、城镇结构、民族特色等方面综合入手进行分析，形成宏观层面的整体控制；中观层次，体现城镇空间形态的体系，重点在于剖析形成城镇空间形态的元素，从城镇线性脉络、层次空间、廊道体系等分别进行分析，形成中观层面的梳理与协调；微观层次，体现城镇空间的具体形态，重点在于各种城镇空间节点的具体构成与设计，提取岷江上游流域地区城镇空间的形态中最具地域性的绿地广场、建筑组群、街巷空间等设计特点，形成微观层面具体形象特征的提炼。从宏观、中观、微观三个层次来理解、剖析，从而形成由整体控制，分层引导的具体设计的规划理论体系。

8.5.2 城镇空间结构优化促进生态屏障建设

岷江上游干旱河谷区的藏羌民族文化富集区域在空间上与生态空间存在必要的内在联系性。然而伴随着新旧城镇更迭，对少数民族所依存的历史文物古迹、城镇整体民族特色风貌造成极大的干扰和破坏，导致其少数民族历史文脉断裂、城镇记忆、乡村记忆割裂。生态空间作为文脉传承载体和城镇记忆空间载体，应该保护岷江上游干旱河谷区藏羌民族的历史文化遗迹、延续城镇文脉与人文风貌，通过地形与建设内容的结合，充分体现对人的关怀，塑造城镇主题价值体系，为城镇居民所感知。

首先是人文环境的建设，应通过完善区域服务中心体系和社会公共服务网络的建设，填补镇村文化和公共服务设施建设的空白，在保障满足物质和精神文化需求的基础上，提高城镇居民的整体生活质量，创造高品质城镇生活空间，增加岷江上游干旱河谷区的活力和吸引力。

其次是城镇记忆空间的设计，遵循可达性原则，因为亲身体验是记忆唤起的重要方法；遵照真实性和地域性原则，因为真实的城镇记忆载体产生独特的生活氛围，是塑造地方特色的重要手段，亦是城市文化延续与发展的根本；要体现参与性，通过城镇居民自主参与空间营造，可以更好地将场所作为建立文化认同的中心，培养和促进城乡居民的共同意识。

8.5.3 城镇空间结构优化与生态屏障建设目标一致

人居环境的优化依赖于回归日常生活世界，通过回归生活来消除城镇发展的异化和生活意义的失落。重视功能的复合性，重视空间对人们生活中多种行为活动的支持，避免事件模式单一地发生。在明确绿线、蓝线控制要求的基础上，对岷江上游干旱河谷区的山系、水系、绿地的价值进行再挖掘，促进功能多样化。主要措施是强化城镇联系，构建郊野游憩系统，成为市民郊野休闲目的地、文化教育基地，发挥其生态保育、休闲游憩和教科文化的综合功能；在政策范围内，引入健康产业、公益设施，填补岷江上游干旱河谷区作为阿坝州中心城镇的缺项和短板，积极完善公共设施，为市民日常活动塑造充满活力的公共场所。

第9章　基于水资源生态足迹的岷江上游流域生态经济发展研究

在分析岷江上游流域生态产业发展着力点的基础上，分析促进岷江上游流域生态产业发展的主要路径。首先，需要强调的是，生态产业发展是岷江上游流域生态经济可持续发展的一个核心内容。因此，要大力推进生态农业、生态工业和生态服务业的发展，必须要考虑产业与空间有效结合，发挥更大的联动效应。其次，我们从生态产业发展规划的重要性、产业优化的必要性、制度保障的可靠性等多个方面阐述生态产业发展的路径选择。最后，不能忽视生态产业发展的补偿机制问题，在主体功能区规划的前提下，对于属于那些限制开发区和禁止开发区的各个区域，如何在保护好生态环境的前提条件上，获得本地社会经济同步发展，有效进行利益协调，这也是必须关注的重要内容。

9.1　岷江上游流域水资源管理研究

岷江上游地区供水量基本满足各项需水，在水资源利用效率达到预测值的前提下，岷江上游地区水资源尚有一定的剩余承载力。从理论水资源总量来看，岷江上游地区的水资源并不缺乏，但综合考虑水电开发及川西平原的饮用水源地等因素，其实际可利用水资源量非常有限，因此，有效和节约利用岷江上游地区的水资源非常重要。

9.1.1　岷江上游流域水资源的统一管理

水资源统一管理以水资源承载力为出发点，探求如何通过水资源管理来实现水资源与生态环境和社会经济的协调发展。水资源承载力是水资源统一管理的基础和前提，是实现水资源承载力目标的一种方法和途径[1]。

加强流域水资源统一管理，加大力度建设节水和开源工程，需要各地各方面综合协调配合。在区域发展层次上，对流域内的水资源进行统一配置，合理权衡

[1] 杨逃红，张晓波，黄玉林. 浅谈水资源承载能力与水资源统一管理[J]. 水资源研究，2004，25(1)：4-5.

需要与可能、近期与远期、局部与全局、经济与生态的关系。在水资源开发利用层次上，妥善处理除害与兴利、节流与开源、开发与保护、工程与管理的关系。要尽力降低供水的成本，提高用水的经济效益，同时要通过控制人口来控制需水量的增长[1]。

加强重点饮用水水源地保护，在岷江上游流域及其支流涉及的重点饮用水水源地建立水资源保护碑。在取水水源处，采取各种措施，保护现有植被，同时利用退耕还林还草工程广泛开展种树种草活动，扩大植被面积。加强生态环境保护，确保水源的水量和水质。

9.1.2　岷江上游流域水资源动态配置分析

(1)岷江上游流域动态配置目的。水资源动态配置是以水资源的调查评价、水资源开发利用情况的调查评价为基础，结合需水预测、节约用水、供水预测、水资源保护等有关部分进行的[2]。水资源动态配置的各个环节及各部分工作是一个有机组合的整体，相互之间动态反馈，需综合协调。该模式是根据岷江上游流域人口、资源、环境与经济发展的基本关系，统筹考虑流域水量和水质的供需分析，将流域水循环和水资源利用的供、用、耗、排水过程紧密联系，在按照水源配置和运行规则、用户配置准则、公平高效和可持续利用的基础上，进行供需分析，通过经济、技术和生态环境分析论证与比选确定动态配置方案。

(2)岷江上游流域动态配置条件。水资源动态配置是在不同的水工程开发模式和区域经济发展模式下的水资源供需平衡分析，描述不同规划情景下(包括不同规划年和不同来水保证率)的水资源配置及严格管理的结果，确定水工程的供水范围和可供水量，以及各用水单位的供水量、供水保证率、供水水源构成、缺水量、缺水过程及缺水破坏深度分布等情况。主要考虑的配置条件包括：现状平衡、不同规划年平衡、随机动态平衡、节水平衡、定额平衡、生态经济平衡模式、水土优化平衡模式、碳平衡发展模式。

(3)岷江上游流域地区潜力分析。在水资源动态配置方案的基础上，需要对岷江上游流域地区潜力进行分析，主要目的是分析岷江上游流域地区内各地区的水资源供需、土地资源、新增用水户、水生态环境承载及碳减排等方面的潜力。主要包括：水资源供需潜力分析、土地资源配置潜力分析、节水潜力分析、新增用户潜力分析、水生态环境承载潜力分析、碳减排潜力分析。

---

[1] 冯尚友. 水资源持续利用与管理导论[M]. 北京：科学出版社，2000.

[2] 汪亮，解建仓，张建龙，等. 基于综合集成服务平台的动态水资源配置规划[J]. 华中科技大学学报，2011，39(1)：170-175.

9.1.3　提高岷江上游流域水资源承载力的策略

对某一流域或地区而言，在特定的经济和社会发展水平下，水资源承载力是相对有限的，但通过一定的管理和配置，可以在一定程度上得到较好的提升，并可以通过以下途径或措施来提高岷江上游地区水资源的承载力。

(1)通过因地制宜实施各项工程措施对水资源实行科学调配，从时间、空间上优化水资源的分配，有效提高水资源承载力。采取蓄、引、提等中小型为主、微型为辅的多种水利工程建设方式，解决城乡供水安全及农业生产灌溉用水问题。利用茂县凤南土、黑水西尔芦色、松潘坪江红燕水利工程等骨干工程及牧区饲草地灌溉工程，配合众多的小型引水工程，组成“蓄、引、提”结合的水利供水网络，保证城乡生活、生产供水。

(2)加强水资源的统一管理，完善水资源法律法规体系，制定综合用水规划，强化监督水资源管理体系。采取强制措施，建设节水型社会。全面推行各种节水技术和措施，增大节水投资，发展节水型产业，建立节水型社会，同时实施水权制度，加强水权管理，既能从水资源利用的源头上促进节水，也能形成节水的经济激励机制。

(3)进行经济结构调整，根据岷江上游地区的资源禀赋条件，科学规划经济、社会的发展布局，量水而行，以水定发展。大力调整农、林、牧结构，扩大林草植被，搞好植树造林，大力营造水土保持林、水源涵养林及护岸、护坡林。加快牧区水利投入，加大水土流失治理、退耕还林还草工作和基本农田建设力度。

(4)对岷江上游地区工业园区项目严格审查，禁止污染项目立项。加大水污染治理的管理力度，提高污水回用率。降低供水成本，提高用水的经济效益，通过控制人口来控制需水量的增长。

(5)强化公众的忧患意识，清醒地认识潜在的水资源危机，保护水资源，节约用水[1]。根据水资源敏感性分析的结果，提高节水水平(包括水资源利用效率)应作为第一优先措施。加强对各水源区水质保护，加强对区域中小河流的监测管理。

9.1.4　岷江上游流域节水途径

节水不但能提高水资源承载力，还能节约经济成本，同时还可以保护生态环

[1] 韩俊丽，段文阁. 城市水资源承载力基本理论研究[J]. 中国水利，2004(7)：12-14.

境。主要的节水途径有节水灌溉、工业节水和城镇节水[1]。

1. 节水灌溉

大力发展节水灌溉，通过推广渠道防渗、管道输水等措施，减少输水损失，提高渠系水的利用率。积极采用喷灌、滴灌和平整土地等措施，提高田间灌溉水的有效利用率。加强用水管理，通过总量控制和定额管理，利用经济杠杆，采取计划用水、超额加价等措施，促进农业节水。节水灌溉要紧密结合农业产业结构调整和农业节水综合措施，促进农业增产、农民增收。

2. 工业节水

根据区域和流域水资源条件，确定合理的生产力布局，调整产业结构，禁止建设高耗水工业项目。按照行政首长负责制的原则，以地方政府和用水户投入为主，加大工业节水力度，加快企业节水技术改造，提倡清洁生产。实施计划用水、定额管理等鼓励节约用水的措施，促进工业节约用水和污水处理再利用，加大污水处理力度，提高工业用水的重复利用率和单位水生产效率，减少单位产品取水量、耗水量。

3. 城镇节水

加强节水宣传，进一步增强全民节水意识，加快节水器具的开发和产业化，推广使用节水器具和设备。建立合理的水价形成机制，运用经济杠杆调整水价到位。逐步对城镇配水管网及供水设施进行更新改造，加强对用水大户的监督管理，降低城镇供水及配水管网的漏损率，有条件的要逐步建立节水型城镇。

9.2　岷江上游流域生态产业协调发展研究

中央关于“十一五”规划的《纲要》[2] 提出：“各地区要根据资源环境承载力能力和发展潜力，按照优化开发、重点开发、限制开发和禁止开发的不同要求，明确不同区域的功能定位，并制定相应的政策和评价指标，逐步形成各具特色的区域发展格局”。推进形成主体功能区，就是要明确哪些区域要重点开发，哪些区域不应开发，以及各类主体功能区开发强度，使集聚经济的地区集聚相应规模的人口，引导经济布局、人口分布与资源环境承载力相适应，从而从根本扭

---

[1] 王修贵，张乾元，段永红. 节水型社会建设的理论分析[J]. 中国水利，2005(13)：72-75.

[2] 中华人民共和国国民经济和社会发展第十一个五年规划纲要[R]. 十届全国人大四次会议，2006.

转生态环境恶化的趋势，促进人口、经济、资源环境的空间均衡。

结合主体功能区的相关定位和要求，本书提出，岷江上游流域生态产业协调发展的两条主线：①以主体功能区规划为契机，合理规划生态产业内部之间的布局，大力促进岷江上游流域的全面发展。②以水资源环境承载力为基础，以岷江上游流域中心城市发展为依托，重点开发，优化布局，促进生态产业与空间的有效结合，实现人与自然的和谐共处。

9.2.1　岷江上游流域生态产业内部的协调发展

岷江流域上游各地区由于缺乏产业之间的协调，在发展过程中定位不准确，追求短期功利行为，导致发展出现滞后性、无序性和重复性，阻碍了整个生态经济的可持续发展。

1. 生态产业同构现象严重

岷江上游流域经济发展水平较低，虽然有生态产业发展的理念，但发展速度缓慢，由于大多属于欠发达地区，区位条件差，主要从事生态农牧业，但生态产业结构初级化特征明显。该区域第一产业比重大，第二、三产业严重滞后，而且生产力落后，产值低。随着西部大开发实施以来，该区域经济得到有效改善，但是产业结构仍然不合理，缺乏优势产业，农业结构比较单一，农牧业比重较大，同构现象严重。同时，由于该区域人口的快速增长，大量提升养殖业，过度放牧现象严重，造成生态方面的经济损失。因此，岷江上游流域生态产业发展的同构现象给岷江流域经济发展起到严重的制约作用。

2. 无序竞争，区际冲突加剧

各地无序竞争，在岷江上游兴建了许多梯级小水电站和小水库，导致许多河段出现了近于断流的情况，极大地削弱了河流水体生态系统自身的调控功能，破坏了水资源系统；另外，各地区发展生态产业竞相出台新政策，超常规实现所谓跨越式，比如大家不顾实际情况投入光伏产业，结果导致各地恶性竞争，经营困难。这样使得资源缺乏有效的区际配置，引发区际之间的矛盾冲突，加剧了地方保护主义。另外，一些地区为了获取短期效应，以发展生态产业为名，继续实施粗放型增长的道路，导致岷江水域水质变差，不能实现自我修复。一旦岷江上游流域水资源遭到了一定破坏，水资源承载力将不能满足经济发展的需要。

3. 生态产业发展缺乏技术支撑

岷江流域上游地区基本上都是欠发达地区，无论从人才流、资金流和技术流而言都缺乏优势。虽然生态产业发展的理念开始树立起来了，但产业还处在低级阶段，缺乏高附加值及有效的技术支撑，难以实现持续发展。因此，我们需要推广和应用生态产业适应技术，加快产学研相结合，积极引进适应技术，在一定条件下再进行技术创新，提高生态产业发展的技术含量，加快生态产业内部之间的协调，把生态农业、生态工业和生态服务业有机结合，促进生态产业的共同发展。

为了解决岷江流域上游地区产业的协调发展问题，我们主要从以下几个方面进行展开：第一，要根据各地区的比较优势，发挥自己的特色，推行生态产业的发展。根据水资源的承载力，发展不同的产业，挖掘不同条件下生态农业、生态工业和生态服务业的发展思路，进一步明确生态产业发展的目标定位。第二，进行统筹协调规划，做好生态产业布局，尤其在建立生态产业园区时要考虑产业内部、产品之间的配套条件，如何有效培育生态产业链条，促使生态产业集群。第三，重视人才和科学技术的引进，促使适应性技术在生态农业发展的推广，比如无公害农药、无公害化肥等，强调生态工业的效益，大力发展循环经济，促使生态和经济效益的双赢。

9.2.2　岷江上游流域生态产业与空间的联动效应

长期以来，岷江地区经济发展违背流域自然规律，实施的是粗放型增长方式，造成流域生态环境很大的破坏。经济增长的同时，生态环境却日趋恶化，人民的幸福指数未得到较大的提升。但流域各地区行政单位还未转变岷江地区的经济发展方式，产业定位不明确、布局不合理、发展不协调，导致流域经济社会的可持续发展很难实现。因此，岷江流域必须加快转变经济发展方式，大力发展生态产业，以水资源承载力为基础，实行产业与空间的有效结合，推进科学发展的进程。

“5・12”大地震致使岷江地区生态环境遭受严重破坏，各种工业设施受到强烈破坏，而且使得工业污染物慢慢渗入到水里，直接造成地下水的污染。土壤污染对生态产业发展的不良效应短期很难发现，因此要细致检测有害物质对土壤的破坏。这说明岷江流域生态产业在布局的过程中，忽视地质风险而人为地实现资源向特定区位集聚是不科学的[1]。

[1] 张衔，吴海贤，衣晓君. 地质风险与产业空间布局——以汶川大地震为例[J]. 经济理论与经济管理，2009，(9)：51-55.

1. 空间开发混乱，“诸侯式招商”盛行

岷江流域大多数地区的开发缺乏有效规划，没有统一的协调机制。各级政府由于属于不同行政区划，都是根据自己的发展战略发展经济，有可能导致局部利益发展，全局利益受损。在追求 GDP 的增长竞赛中，各级政府使出自己的看家本领，为了同一个项目，不惜内部反目，动用行政手段，积极提供“非国民”的政策优惠措施，使得恶性竞争进一步加剧。同时，各地区未发挥当地的比较优势，实现产业与空间的有效协调。这种“诸侯式”招商带来的严重后果是招商层次的低水平和产业结构的趋同化，市场发生扭曲，资源不能有效地配置。

2. 空间开发结构失衡，资源矛盾突出

我们虽然强调生态产业发展要促进人、自然、资源环境和谐共处，但各地区发展一直没有处理好经济发展与生态保护之间的关系，更多的是通过生态产业的发展引导整个经济的发展，而忽略了空间的因素。一方面是不考虑资源环境承载力，尤其是水资源的承载力，盲目地加大开发密度，提升开发强度，这样空间开发的无序性，使得生态产业发展出现严重的空间结构失衡，无法发挥集聚与扩散效应。另一方面，岷江流域上中下游地区缺乏统一的空间开发规划和协调机制，各个地区不顾资源环境约束，快速建立工业园区和开发区，强调经济总量的快速扩张，导致资源掠夺性开发，以及整个流域经济发展的资源矛盾突出、效率低下等不良后果。反思空间开发的结构性失衡，是一个非常现实的问题。

3. 生态产业发展缺乏集群效应

由于岷江流域生态系统结构和功能单一，与岷江地区本身的自然资源系统不一致，使得生态资源利用效率极低，故导致整个岷江经济系统的产出效率低下，破坏了自然—经济—社会发展的循环机制。由此可知，促进岷江流域生态经济可持续发展，必须要在经济发展过程中优化生态系统的结构和功能，大力发展生态产业，延伸生态产业价值链条，提升生态效益。要大力提升岷江流域上游地区生态产业集群层次，确实提高岷江流域生态产业竞争力，不仅要对区域不合理的布局、相互之间的恶性竞争等方面进行整合，更重要的是要扩大流域之间生态产业集群发展的空间，充分挖掘它们之间的区际联系，加速它们之间的要素流动，促进它们之间的协调发展。

只有生态产业发展与空间的相互融合，发挥联动效应，才能促使岷江流域生态经济可持续发展，其中着力点体现在以下三个方面：第一，根据主体功能区的发展规划，规范生态产业发展的空间开发秩序，形成合理的产业发展空间布局。主体功能区分为优化开发区、重点开发区、限制开发区和禁止开发区。根据不同开发区的特点，生态农业和生态工业的发展主要布局在优化开发区和重点开发区当中，并且随时监控开发的强度和密度，做到有序开发。而限制开发区主要关注生态旅游业的发展，把生态、人文和旅游有效结合起来。第二，推进生态产业专业化分工，促进各区域发展的协同效应的实现。协调发展必须建立在合理的分工基础上的，有效进行市场衔接，进一步加强要素之间的合理流动，形成一种良性的发展机制。第三，进一步采取更优惠的政策措施，对那些大力鼓励生态产业发展的政府给予更多的财政税收等方面的优惠条件，鼓励发展生态主导产业，引进更好的项目。在政府的推动下，引导企业、个人的积极参与，利用生态产业园区的实践，健全民众参与机制，培育行业组织和社区自治组织，使政府、企业和个人在生态产业发展结成坚固的利益共同体。

9.3 岷江上游流域生态产业发展的路径探索

9.3.1 科学规划，提供导航

虽然各部门、各级政府都制定了许多产业发展规划，强调各项工作的实施、项目的布局以及措施等等，单纯从每一个规划看，可能都是合理的，但综合起来并落实到同一空间就可能出现矛盾，这是目前规划体制中存在的突出问题。从这个角度看，科学规划就是要求岷江流域生态功能区规划强调整体性、综合性，它能够对岷江流域生态经济共建共享起到一个基础性的指导作用，进一步明确岷江流域生态经济在未来国土空间开发的思路和开发模式，以更好地应对工业化、城镇化进程中面临的人口经济与资源环境等一系列难题和挑战。基于岷江流域资源丰富、生态环境脆弱、空间开发无序的基本情况，我们将从以下几个方面明确岷江流域生态经济发展功能区的规划：

首先，我们按照国家主体功能区的总体发展要求，结合四川省主体功能区的规划，进一步确定岷江地区优化开发区、重点开发区、限制开发区和禁止开发区的区域规划。岷江流域优化开发区就是要强调生态经济发展模式上有所创新，生态产业优化升级，提升共建共享的生态效益；重点开发区强调有序有节，不是无序、无限制开发，明确生态经济共建共享的准确定位，促进生态产业集群效应，提升生态经济共建的效率；限制开发区和禁止开发区着眼于生态环境的保护，强调生态经济效益的共享，构建重要的生态功能区，合理布局生态产业空间，保障整个流域的生态安全。在此基础上，从岷江流域生态环境和经济发展的实际情况出发，具体划分岷江流域生态产业发展区，细分其功能，充分发挥市场主体作用，实现岷江流域经济和生态效益的双赢。从中可以看出，主体功能区规划是一种战略性的空间规划，是各类相关规划的一个基本依据[1]。岷江流域生态产业发展的目标、思路和重点都要融入到主体功能区规划当中，以实现科学发展。

其次，根据岷江流域水资源承载力，细化各区域的产业发展、生态协调和水资源开发强度及密度，严格保护流域水资源的生态修复，防止严重污染水资源；水是经济发展最重要的资源，工业、农业、生活和生态环境保护也越来越对水产生更大的依赖。流域的水资源能够支撑经济社会的发展规模，成为制订区域发展规划研究的基础性的指标[2]。衡量水资源承载力对岷江流域综合发展有非常重要的作用，同时，为实现岷江上游地区生态工业、生态农业和生态服务业发展优化布局，明确产业定位。

最后，科学规划需要多部门和多方面的专家积极参与。根据功能区的明确界定，对各项目进行严格的环评，从而指导岷江流域经济社会发展的各个方面。总体发展思路由环保、规划、发改委、经济、农业、国土资源等部门综合制订。岷江流域生态经济共建共享规划不能一蹴而就，不要过分追求速度，从短期效应出发，推进岷江流域开发。规划应确保在岷江流域上下游建立共建共享之路，以共建为基础，以共享为结果。本着负责任的态度尽量规避风险，一些项目有可能在短期会发生较大的经济效益，长期来看也许隐藏很多风险。因此，规划要反复探讨，反复科学论证，制订出适合岷江流域生态经济中长期发展的区域规划。

9.3.2　产业优化，奠定基础

产业的发展离不开自然禀赋条件，岷江流域具有丰富的自然资源，但资源优势并不等同产业竞争优势，因此岷江流域生态共建共享必须充分利用资源禀赋优势，有效进行产业布局，促进经济快速发展。但是由于岷江流域生态环境的脆弱性和特殊性，不能一味求发展，而应该把产业与生态有机结合，以优质、特色、高效为指导，加快发展具有流域特色的生态农业、生态能源和生态旅游业，为岷江流域生态经济可持续提供坚实的基础。具体从以下几个方面展开：第一，发展现代生态农业。岷江流域具有较丰富的农牧资源，大力发展生态农业，把特色农产品种植、加工、营销一体化，延伸生态农业的价值链条，提升农产品的附加

---

[1] 陈德铭. 全面贯彻落实科学发展观　扎实推进全国主体功能区规划编制工作[J]. 中国经贸导刊，2007，(13)：4-10.

[2] 孙富行，郑垂勇. 水资源承载力研究思路和方法[J]. 人民长江，2006，(2)：33-36.

值，进一步增加当地民众的收入。在这里需要强调的是：促进现代生态农业发展的一个成功关键就是要加强技术创新，结合岷江流域的现实情况，多渠道、多层次与科技院所联合攻关，培养科技人才，开发农业新技术，培育优质的农业品种，发展无公害的有机药品，以实现农村生态产业的快速发展。

第二，建立生态工业区，发展循环经济。为了协调人、自然和资源的和谐共处，原来的粗放型发展不利于经济发展持续。岷江流域经济发展不能重复发展老路，应该放弃那些高耗能、高污染的项目，加快建立生态工业区，促进可持续发展。建立生态功能区，发展循环经济的优势体现在两个方面，一方面可以充分提高资源的使用效率，最大限度减少污染物的排放，由原来的“资源→产品→污染物排放”转变为“资源→产品→再生资源→再生产品”，既保护了生态环境也促进了经济发展；另一方面，循环经济延伸了产业链条，推动环保产业和新能源产业等新兴战略产业的发展，增加了更多的就业机会，既优化了产业结构，又占领产业发展的制高点，提升了生态经济可持续发展的能力。

第三，大力发展生态旅游业，提升旅游品牌。传统的旅游产业带来的生态环境危机日益受到关注，产生的许多生活垃圾、生活污水给环境带来很大的破坏。而发展生态旅游业就是将环保理念融入旅游业，以实现旅游产业的提升和优化升级。岷江流域有非常丰富的旅游资源，风景非常优美的景观，比如九寨沟，具有非常浓郁的民族风情，藏族和羌族都聚集在这里。因此，岷江流域应精心设计，打造旅游精品，提升旅游服务水平，大力培育旅游名牌。同时，要防止过度开发，充分利用新的清洁技术，保护水资源，处理好生活污水，保持美好秀丽的环境，为生态可持续发展提供活力。

9.3.3 构建生态监控体系，提供灾害风险信息

生态经济系统对岷江流域生态共建共享具有很好的调控作用。构建岷江流域生态产业发展的监控体系，使得岷江地区经济发展不是单纯追求 GDP 为目标的增长型系统，也不仅是非常纯粹的自然资源的原始风情，单纯追求生态目标的稳定型系统，而是一种经济系统和生态系统的完美融合。

对岷江流域生态产业发展进行监控，有如下措施[1]：第一，选择衡量可持续发展的综合指标，构建科学监控体系，判断对岷江流域不同时期、不同阶段的经济与生态效益，并对是否促进生态经济可持续发展做出定量判断。运用经济计量学、空间经济学、工程经济学、生态学等跨学科综合工具，确定生态产业发展

[1] 于琳. 新疆绿洲生态经济系统可持续发展研究[D]. 重庆：西南大学，2006.

可持续的指标体系，计算各指标的临界值，设定合理范围。第二，从社会发展系统、经济系统、生态环境系统、水资源系统出发，建立一整套的科学监控体系，准确衡量岷江流域生态经济发展的运行，对岷江流域水资源承载力、生态环境承载力、资源承载力进行计算，动态地判断岷江流域生态效益的变化趋势。而且对岷江流域生态产业可持续发展的潜力进行总体评价。第三，在对岷江流域生态产业可持续发展潜力评价的基础上，充分发挥市场主体的积极性，一旦岷江流域生态经济发展偏离基准值，政府要采取调控措施进行生态修复和维护，使用有效的财政和金融政策促使生态回到合理的范围内。同时利用先进的技术水平，地理遥感等传感工具定期检测生态环境的变化，定期检测水资源状况，保证整个流域生态产业最终实现可持续发展。

第 10 章　岷江上游干旱河谷区生态屏障建设中的生态补偿分析

10.1　岷江上游干旱河谷区生态屏障建设中生态补偿的理论依据

10.1.1　外部性——岷江流域生态产业发展的政府干预行为

传统经济学一般认为外部性是市场失灵的表现，当私人成本与社会成本产生分离时，就会产生外部性。当社会受益高于私人收益的时候，称之为正的外部性；当社会成本高于私人成本的时候，称之为负的外部性[1]。岷江流域生态产业发展所获得生态效益获得正外部性的话，对上下游地区生态经济可持续发展都有非常重要的意义。但如果没有激励，容易产生“搭便车”行为，那么上下游地区没有动机去实现更大的生态效益。岷江流域如果产生负的外部性的话，加之没有约束，容易产生“公地悲剧”，那么上下游地区为了经济发展而不顾生态环境的事情也会屡见不鲜。因此，岷江流域生态产业发展外部性自然而然会出现，政府干预成为克服外部性的主要思想。

政府干预克服外部性主要分为两方面：一方面直接干预，通过财政转移支付和税收优惠对生态产业发展适当进行经济补偿，为生态经济发展提供经济支撑。反之，对阻碍生态产业发展的行为采取经济手段进行惩罚，降低负外部性的出现概率。另一方面间接干预，也就是常说的政府宏观干预，加强有关法律法规与政策的补充与完善，建立统一的生态产业发展的税收政策、重点支持生态移民和替代产业建设的产业政策、完善水资源费征收管理办法，加大排污收费改革力度等。有效征收补偿费、合理利用补偿费需要建立补偿费的征收与使用监督机制，包括生态补偿费征收的监督机制，生态补偿资金的使用监督机制。还需要建立实施生态补偿的信息公开制度、生态补偿效益评估制度，实行年度生态补偿实施情况的报告制度。

---

[1] 高鸿业. 西方经济学(微观部分)[M]. 北京：中国人民大学出版社，2004.

10.1.2　产权理论——生态产业发展的市场交易行为

产权经济学派强调流域生态产业发展存在外部性，其关注的重点不是市场失灵，而是缺乏对流域资源的产权界定，导致流域生态经济的无序发展。如何解决生态经济共建的外部性，科斯定理提供了解决问题的方法。

岷江流域从生态环境影响的角度，主要是保护或破坏岷江上游生态环境给中下游地区造成的影响。关键的问题是把生态补偿权界定给上游还是中下游地区。如果把生态保护权界定给岷江上游地区，中下游地区有权禁止上游破坏环境，上游地区必须承担经济发展过程中的生态成本；如果把生态保护权界定给中下游，上游地区有权利破坏环境，下游为了获得更好的生态环境就必须向上游地区付费，以购买比较良好的生态权。

按照科斯定理，只要清楚地界定产权，无论把权利界定给谁，经济效率和社会总福利是一致的。但如果生态产业发展给社会福利造成差异的时候，政府应把权利界定给最终导致社会福利最大化的一方[1]。如果把权利界定给中下游地区，上游就要独力承担生态共建成本，但上游地区缺乏发展权，根本不可能积极投入到生态经济的共建共享。反之，把权利界定给上游，经济发达的中下游地区有能力为生态共建共享贡献力量，中下游则以购买生态产权的形式拥有了对水资源等支配权，从而消除了破坏整个生态工程的隐患，社会总体福利得以实现。事实上，岷江流域生态产业发展由于缺乏长效的生态补偿机制，补偿标准单一，实施“一刀切”。一直以来几乎是由中央财政的转移支付，但根据生态产业发展的“谁受益，谁支付”的原则，岷江流域生态区的受益主体，也应当承担一部分补偿基金。因此岷江流域生态补偿机制没有真正建立之前，上游地区就有任意发展的冲动，没有考虑整体生态经济的共建。

由此可知，生态补偿机制一方面可以通过市场经济激励机制来约束用水者的行为，完善水资源产权制度，建立排污权交易，使得生态产业发展的微观主体发挥市场资源基础性配置作用。

10.2　岷江上游干旱河谷区生态屏障建设补偿的模式探讨

10.2.1　政府主导型和市场主导型

根据流域生态产业发展的理论探索，可以推断岷江流域生态补偿模式主要有

[1] 罗仲平.西部地区县域经济增长点培育研究[D].成都:四川大学,2007.

两种，即政府主导型和市场主导型[1]：第一，政府主导型。政府作为生态补偿活动的主导者，直接运用税收和财政支出手段对生态进行直接补偿，以解决外部性问题。对于该模式，市场微观主体之间不是通过讨价还价来确定利益补偿关系，而是通过政府强制执行。它的优点在于快捷和有效率，它掌握了强大的财政资源，一旦政府确定补偿标准，各个利益共同体就很容易得到生态补偿。但是也面临一些挑战，由于政府自身掌握行政资源过多，具有生态补偿的定价权，相对于流域不同的主体，政府受到决策水平、执行力度等因素的约束，常常会出现补偿不到位、补偿力度不够大的问题。第二，市场主导型。市场主导型的生态补偿模式是基于科斯定理，通过明晰产权来解决外部性。在市场主导模式中，我们要考虑一个重要的概念即交易费用，如果利益共同主体参与数量较少，那么能够通过产权界定、市场交易等方式进行，其生态补偿效率就很高。但是如果数量非常多，利益纠缠不清的话，参与讨价还价的范围扩大，交易费用急剧提高，很有可能导致交易的低效率。

在此强调的是，岷江流域生态产业发展补偿不单独是政府主导型，也不仅是市场主导型，既需要政府的公信力，又需要市场发挥资源配置的功能，从而实现政府和市场模式的结合。因为，两种主体补偿模式的融合和协调能够弥补单方面的不足，发挥更大的积极效应，对岷江流域生态共建共享提供好的政策路径。

10.2.2　资金补偿和价值补偿

根据流域生态补偿的表现来看，主要分为两种补偿方式：资金补偿和价值补偿。资金补偿是指直接或间接向受补偿者提供资金支持。具体的资金补偿方式有：补偿金、赠款、减免税收、退税、信用担保的贷款、补贴、财政转移支付、贴息等等[2]。

资金补偿是最直接的一种补偿方式，受到上游地区的普遍赞同，如果补偿到位，可以缓解岷江上游地区发展的困境，自然而然提高上游地区保护生态的积极性。资金补偿的难度是按照怎样的标准进行测算，因为上游地区保护水源、保护植被等一系列的生态服务所获得的生态效益很难准确度量。一般而言，我们按照上游地区生态治理财政支出为基准，以下游地区 GDP 总量变动为依据，一方面以财政转移支付直接对上游地区政府和民众进行资金补偿；二是下游地区获得了发展，从发展的 GDP 部分提取一定的比例，给予上游地区资金支持，分担生态成本。三是对上游地区放弃发展造成的损失进行直接补偿，对关停企业和转型企

[1] 孙开，杨晓萌. 流域水环境生态补偿的财政思考与对策[J]. 财政研究，2009，(9)：29-33.
[2] 陈兆开，施国庆，毛春梅，等. 西部流域源头生态补偿问题研究[J]. 软科学，2007，21(6)：90-93.

业提供资金支持，对受损农户给予现金补贴。

价值补偿主要通过项目支持、政策支持、技术支持等方式对受补偿者进行间接补贴。项目支持就是下游地区加强在基础设施，比如交通、水利、电力等方面合作，根据上游地区主导型、生态型产业发展给予人员、技术、资金方面的支持[1]。通过政策优惠对下游地区进行补偿，制订一系列优惠待遇，提升上游地区技术创新能力，大力支持产业优化升级，加大对异地开发和生态移民的支持力度，以实现经济发展与生态效益的双赢。

10.3 岷江上游干旱河谷区生态屏障建设补偿的政策设计

按照科学发展观的要求，遵循“谁开发、谁保护，谁破坏、谁恢复，谁受益、谁补偿，谁污染、谁付费”的原则，因地制宜，推进岷江流域生态产业发展的补偿工作。

10.3.1 建立科学的生态补偿评估体系，健全补偿标准

科学的生态补偿评估方法是实施生态补偿、协调补偿主体和对象的基础前提。要构建科学的生态补偿评估体系：首先在确定补偿标准之前，必须充分了解岷江流域下游地区政府、企业和居民的生态补偿意愿及支付水平，分析影响生态补偿意愿及支付水平的主要因素，否则是缘木求鱼，不符实际。其次，具体计算上游生态产业发展所获的经济效益和生态效益。经济效益测定相对简单，主要根据流域的水资源量测算各区域经济发展水平的变化量。但生态效益测定比较复杂，目前学术界一般采用条件价值评估法(CVM)进行估算，揭示人们对环境改善的最大补偿意愿[2]。最后，综合经济学、地理学、生态学、物理学等相关方面的知识，构建一个整体的评估体系，科学评估由于生态建设而导致的直接经济损失和生态效益，并根据不同地区的生态条件差异，制定适宜的补偿标准，而不搞一刀切，尽量在公正、公平的基础上开展生态补偿工作。

10.3.2 实施“异地开发”，加快建立生态产业发展功能区

异地开发就是在下游地区规划出一片空间，安排上游保护区比如限制开发

[1] 冉光和，徐继龙，于法稳. 政府主导型的长江流域生态补偿机制研究[J]. 生态经济(学术版)，2009，(2)：372-374.

[2] 葛颜祥，梁丽娟，王蓓蓓，等. 黄河流域居民生态补偿意愿及支付水平分析——以山东省为例[J]. 中国农村经济，2009，(10)：77-85.

区、禁止开发区不能建设的项目。如广东龙门县统一规划设立了一个金龙开发区，安排上游各镇那些不符合水源地保护区功能要求的招商引资项目。浙江省金华市为上游地区磐安县建立了一个工业开发区，接纳磐安县的招商引资项目，由磐安县自主开发[1]。这种"异地开发"模式，通过下游给上游提供发展空间，既保护了上游地区的主要生态功能，又能促进其经济发展，是一种非常有效且实用的生态补偿措施。因此在岷江流域内部同样可以实施异地开发，下游地区对上游地区采取资金、技术援助和经贸合作等措施，优化空间布局，引导上游地区积极发展循环经济和生态经济，严格限制发展高耗能、高污染的项目，支持上游地区开展生态保护和污染防治工作，同时，促进经济的健康发展。

10.3.3　建立多层次的流域生态补偿专项资金，完善补偿基金绩效考核

生态补偿基金数额巨大，单纯依靠财政转移支付，不可能满足岷江流域生态补偿的资金需求，因此有必要利用政府、企业和社会各方面的力量维护流域生态环境，建立流域生态补偿专项资金。具体措施如下[2]：首先，按照分级的原则，中央政府的财政收入、下游地区的地方政府从各自财政收入中提取一定比例的资金，以及上游地区政府的排污收费的部分资金，再加上社会人员及单位捐赠、国际援助，成立生态补偿专项资金。其次，按照资金的来源其生态补偿的侧重点不同，国家级生态补偿基金集中用于上游地区的生态环境保护与经济发展，比如饮用水水源保护区、上游生态植被修复等生态功能区的建设。省市级的生态补偿基金主要用于跨行政区的流域上下游的生态补偿，有效保护水资源和水土流失，防止水污染。县级生态补偿基金只能用于辖区内生态保护和建设，以及对县域上游地区生态保护补偿。最后，逐步建立生态补偿资金绩效考核评价制度，对各项生态补偿资金的使用进行严格审核，使其更好地专项专用，发挥更大效应。

10.3.4　构建生态补偿的长效机制，保障岷江流域长期生态安全

把岷江流域生态产业发展补偿手段制度化，以获得长期生态保障。当前急需从以下几个方面着手[3]：第一，加快岷江流域生态产业发展区的立法，明确规

[1] 李晓冰. 关于建立我国金沙江流域生态补偿机制的思考[J]. 云南财经大学学报，2009，12(2)：132-138.

[2] 宋建军，刘颖秋. 京冀间流域生态环境补偿机制研究[J]. 宏观经济研究，2009，(9)：41-46.

[3] 王昱. 区域生态补偿的基础理论与实践问题研究[D]. 长春：东北师范大学，2009.

定生态补偿在其中的地位，确定具体补偿方式、补偿标准等各方面内容，形成制度规范。第二，加强财政转移支付，加快对环境税、生态补偿税、碳税等征收，使其成为生态补偿资金的固定来源，保持生态补偿的连续性。第三，完善流域水资源条块分割状况，对于区域内部水权进行产权界定，明确流域各区域的权利和责任。对区域援助本身补偿安排，逐步制度化、法律化。这样才能使得生态补偿可持续，促使岷江上游更加积极地保障生态安全。

10.4　岷江上游干旱河谷区生态屏障建设补偿的机制设计

10.4.1　岷江上游流域地区生态屏障建设补偿的前提机制

1. 宣传机制

建立好流域生态补偿的宣传机制，是希望从观念上改变人们对环境保护的认识，让人们认识环保的重要性，使其能够很好地配合生态补偿相关政策、法规的实施与开展，自发地进行生态环境建设。由于岷江上游地处贫困山区，又是少数民族地区，农牧民普遍存在思想观念落后，环境保护意识淡薄的问题。因此流域生态补偿的宣传机制建立显得尤为重要，它是岷江上游流域生态补偿机制建立的基础与前提。通过机制的建立，可以提高民众的环保素养，使得民众能够自愿、主动地投入到生态环境补偿的工作中来。

要建立起岷江上游流域生态补偿机制的宣传机制，首先，是要建立系统化、科学化的宣传机制，建立起多样化、多方面、多途径的宣传模式；其次，是要加强对机关政府部门的教育宣传工作，只有政府部门的环保意识提高了，才能从上至下的带动更多的群众投身到环保事业中去，才能够将环保事业贯彻和实施下去；最后，要广泛的发动群众。人民群众才是岷江上游流域生态补偿机制的主要参与者和执行者，只有做好了群众工作，才能保证流域生态补偿机制的顺利进行。

2. 制度机制

必须建立强有力的法规、制度来约束人们的行为，阻止人们为了短期利益而对生态资源的过度使用及破坏。建立起流域生态补偿机制的制度机制，是要从政策、法律、法规方面给生态补偿的建立提供依据和执行的保障。20 世纪 70 年代末，我国开始进行关于环境保护以及污染防治的相关立法工作。我国从四十年前，开始进行生态补偿探索，到如今已经展开了多项生态补偿实践，补偿领域也延伸到了生态环境的各个领域，但至今都没有形成一部完善的生态补偿法律法规。主要原因是我国各省市的生态环境现状差异较大，情况也各不相同，决定了我国不可能以一部统一的自上而下的制度法规，而涵盖各省市的补偿内容。而且这么多年各学者们针对不同地区的生态补偿研究也发现，针对不同地区建立起因地制宜的补偿方式，更容易解决当地的生态问题，发挥制度的实质作用。

因此，在岷江上游流域生态补偿机制的建立，必须要在四川省人大常委的牵头下，来开展流域生态补偿的立法工作，建立起一套科学的制度机制，从立法的角度，明确好流域生态补偿的主客体、各方责任，并且通过相关法律法规，制定符合岷江流域的监督、评价标准。

10.4.2　岷江上游流域地区生态屏障建设补偿的运行机制

岷江上游流域生态补偿的运行的过程中有两大重要环节，即资金流的运动与信息流的运动，因而建立流域生态补偿的运行机制主要包含建立资金运行机制以及信息的流通机制。

1. 资金运行机制

岷江上游流域生态补偿的资金运行机制要解决好流域生态补偿过程中的资金流的问题，具体包括三个方面：第一是补偿标准的确定，即解决的是补偿方向，及其补偿金额数目的问题；第二是资金筹措机制，顾名思义该机制主要解决的是补偿资金的来源、筹集等问题；第三资金的使用机制，主要解决的是资金怎么给的问题，是直接的现金补偿，还是进行相应的项目、工程等。

1)补偿标准的测算方法

生态补偿标准是流域生态补偿机制建立的主要依据和支撑，可以运用成本分析法来分析岷江上游的生态环境总成本，即估算岷江上游在生态环境建设上投入的直接成本与机会成本的总和，再根据上下游分别对流域水资源的利用比例确定下游对总成本的分担量，即下游应付给上游的补偿量。

首先，岷江上游在生态环境保护与建设方面投入的直接成本，应该主要包括四个方面：林业建设的投入(C_1)、水土保持的投入(C_2)、节水投入(C_3)、污染防治投入(C_4)，将这四方面的投入进行汇总相加，就是岷江上游为生态环境建设所投入的直接成本(DC_t)，具体指标如表 10-1 所示。

表 10-1　流域生态补偿保护与建设直接投入指标

成本类型	指标及解释	
流域生态保护与建设	林业建设投入(C_1)	指岷江上游为了提高森林覆盖率的建设投入，如：退耕还林
	水土保持投入(C_2)	指岷江上游在水土保持的建设方面进行的相关项目和工程的投入，如：小流域的综合治理
	节水措施投入(C_3)	指岷江上游为了提高用水效率，提高节水率而进行改造、建立设施的相关投入，如：节水农田灌溉
	污染防治投入(C_4)	指岷江上游为了防止流域污染，而进行的防污减排措施的投入，如：环境监测

$$DC_t = C_1 + C_2 + C_3 + C_4 \tag{10-1}$$

其次，岷江上游投入的间接成本主要是指，因为环境保护而使得岷江上游地区的产业发展受到相应限制而损害的机会成本(OC_t)，比如：污染企业的关闭等。由于机会成本并不是实实在在的现金投入，因而很难直接计算出来，所以一般用对比估算法来计算机会成本(OC_t)。选取一个跟岷江上游情况相近或者相邻的区域来作为发展参照，机会成本的计算公式为：

$$OC_t = (S_1 - S_1^*) \times Q_1 + (S_o - S_o^*) \times Q_o \tag{10-2}$$

公式中，S_1 为参照地区城镇居民人均可支配收入，S_1^* 为岷江上游地区城镇居民人均可支配收入，Q_1 为岷江上游地区城镇居民人口，S_o 为参照地区农民人均纯收入，S_o^* 为岷江上游地区农民人均纯收入，Q_o 为岷江上游地区农业人口。

在计算岷江上游为了生态环境的保护与建设所投入的总成本时，就要把直接投入的直接成本(DC_t)与间接损失的机会成本(OC_t)相加，即为岷江上游地区生态建设与保护年总成本(C_t)：

$$C_t = DC_t + OC_t \tag{10-3}$$

岷江上流生态建设的总成本，是确定流域生态补偿量的关键量，在确定了总成本之后，可以通过中下游对流域水资源的利用比例，来确定中下游对总成本的直接分担系数(k)，从而确定下游对上游的补偿量(C)。

$$C = kC_t \tag{10-4}$$

2)资金的筹措机制

岷江上游地理环境特殊，是少数民族集中的民族地区，上游经济发展水平较之中下游，明显落后。基于岷江上游市场体制发展不完善的实际情况，决定了岷江上游生态补偿的资金筹措方式必须走“政府主导，市场辅助”的道路。

(1)政府主导机制。根据测算出来的生态补偿量，政府可以通过几下几种方式，组织起对岷江上游地区的经济补偿：

资金补偿模式：即直接的资金补偿方式，通过政府的财政转移支付为主要方式，对岷江上游流域的汶川、理县、茂县、黑水和松潘 5 县进行补偿。

建立专项资金模式：政府设立专项资金，并且对专项资金实行专款专管、专款专用的政策，保证专项资金都运用在岷江上游的生态保护与建设中，并且设立相关的监督部门对专项资金的审批与运用进行监督。

政策扶持模式：该模式包括四川省政府以及中央政府，加大力度对岷江上游的生态保护与建设给予政策支持，比如：积极促进生态产业的招商引资、水资源的综合治理、给予退耕还林(草)的农牧民提供更多的就业机会和就业选择等。四川省政府应积极促成生态服务税的征收，对享受了优质水资源的中下游以集体或者个人为单位，收取生态补偿费。

(2)市场辅助机制。基于市场机制的生态补偿，在国外已经发展得比较成熟，然而在国内却比较鲜有。随着我国市场体制的不断推进，建立在市场机制下的流域生态补偿也逐渐被人们所关注和接受。国内在借鉴国外生态服务付费实践案例经验的基础上，开始探索适合我国国情的流域生态补偿市场辅助机制，例如，我国义乌—东阳展开的水权交易实践，取得了成功。本书在综合分析了国外生态服务付费的案例，以及国内市场模式的流域生态补偿交易中，得出了以下 4 种适合岷江上游流域生态补偿的市场辅助模式：

流域租赁模式：借鉴加拿大的生态资源租赁模式，岷江流域的中下游可以租赁上游的生态资源，并自行对其实施保护和开发利用，这样可以实现利益的分割，有助于流域上下游的公平与和谐。

生态功能购买模式：针对岷江上下游间的水资源供给的矛盾，引入国外的生态功能服务付费的概念，上游作为生态服务的提供者，产生优良的生态产品。下游作为生态服务的购买者，通过支付一定的资金，向上游购买优良的生态产品。当然这必须要在一定管理、规定作为买卖方利益保障的基础上进行的，也就是要有政府提供制度保障。

许可证交易模式：岷江上游还可以引入我国甘肃张掖地区的水资源管理模式，即对流域的水资源进行统一管理，给所有流域居民发放水票，按水票取水，将水资源作为居民的实际资产，可以将水票自由买卖。通过水资源使用许可证的交易，来实现对水资源使用效率的改善。

排污权交易：岷江上游政府与相关部门，可以与企业协商，分析岷江流域污染物浓度较高的物质，按其排放量来制定污染物排放交易的支付标准，实行污染物定价定量排放的模式。

3)资金的使用机制

资金的使用机制，即是解决补偿资金的去向问题。本书认为，补偿资金的使用方式可以分为“输血型”和“造血型”。所谓“输血型”生态补偿就是在人们对生态不破坏、“不作为”条件下的一种及直接现金补偿，来提高居民提高收入水平和生态水平。所谓“造血型”生态补偿就是从提高水源地居民的自我发展能力、生态自我保护能力和自我管理能力着手，建立其持续、长效的生态保护机制。针对岷江上游的社会经济发展状况，本书认为应着力发展其“造血”功能，改变自我发展能力低下的问题，加大力度发展生态产业，使得生态环境建设能够持续开展。本书已在第 6 章对“造血型”发展模式，深入地谈论了具体思考与建议。

2. 信息流通机制

管理的过程其实就是信息流的运动以及对其运动情况的掌控过程。岷江上游流域生态补偿过程中存在很多信息的流域，如：环境监测信息、补偿资金到位情况、补偿机制的效用反馈等等。大量的信息流动对建立一个科学规范的信息流通机制提出了迫切需求。通过信息流通机制来完成岷江上游生态补偿信息的发出、反馈与控制，主要涉及：环境检测信息系统、生态预警预测信息系统、生态产品及其质量信息系统。

1)环境测评信息系统

环境测评信息系统主要提供两类信息：一类是对环境的实时监测数据的反馈、发布；另一类是根据检测数据的整理，得出生态补偿机制的效用，及时反馈给有关部门，并向公众公开。

2)生态预测与预警信息系统

此系统要收集国家及国际动向，时刻关注对岷江流域各个断面的实时监测、污染物的排放量、污水处理厂进出口浓度等，并结合国家与国际各项指数安全标准做出生态预测，发布生态预警。

3)生态产品及其质量信息系统

在保护岷江上游生态环境的同时，需要从生态产品开发的角度来考虑，因此，建立一个生态产品及其质量信息系统，无论对于企业还是政府来说都是极其方便的。对于企业而言，该系统能够帮助企业进行更为有效的管理；同时也能为政府提供宏观调控所必备的信息。它主要包括以下两点：一是提供国内外生态产品供求与价格及与之相关的储存、运输、保险、包装检疫检测信息；二是生态产品品种与质量信息，特别是生态产品的技术指标体系。相对透明的技术指标体系，不仅能够更好地对别人所生产的产品进行合格的检测，而且还能严格的规范自己的产品生产流程，使得自己所生产的产品能够保质保量，同时对照国际通行规则及其指标要求，对一些不合格的产品进行曝光。

10.4.3　岷江上游流域地区生态屏障建设补偿的保障机制

1. 管理机制

合理的构建一个生态补偿实践的运行管理系统是岷江上游流域生态补偿管理机制必不可少的。也就是说，要搭建起一个能够连接各区域、各层级、各主体的生态补偿实践运行管理协调机制，机制结构如下图 10-1 所示。

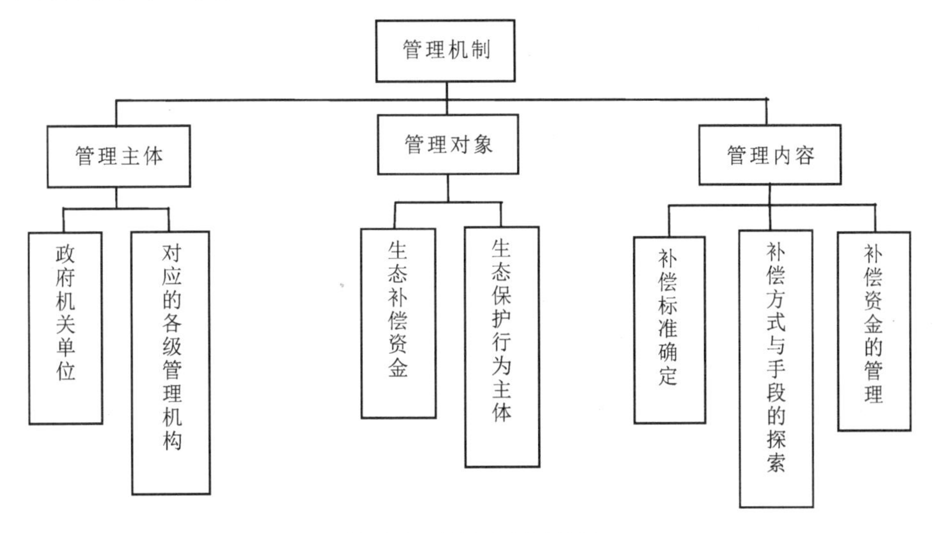

图 10-1　管理机制结构图

岷江上游流域生态补偿的管理机制可以分为以下几个方面：一是实施性管理，其中包括补偿政策实施细则的制定与落实，筹集补偿资金等；二是协调性管理，主要包括补偿各方之间的利益分割、资源统筹、政策协调等。因此，管理机制是保障流域生态补偿有序、稳定进行所不可缺少的。

2. 监督机制

岷江上游流域生态补偿的监督机制主要是执行对流域生态补偿机制运行过程中的检查、督促和处罚工作，该机制不同于与其他监督机制的地方在于其针对性很强，它只针对岷江上游流域生态补偿的管理、效率与效果进行监督。其主要包括以下四个方面：行政监督、法律监督、舆论监督、群众监督，如表 10-2 所示。

表 10-2　监督机制组成表

监督类型	监督主体	监督客体
行政监督	行政主管部门 监察机构 审计机构	行政机关 行政工作人员
法律监督	公检法机关	全体机构 全体公民
舆论监督	媒体工作者	党政机关 全体公民
群众监督	人民群众 社会组织	权力机关 党政工作人员 其他机构与群众

3. 评价机制

通过综合分析各项指标，建立相应的评价机制，可以得出补偿资金的流向，以及补偿机制运行的效率，对利于生态补偿的实施结果做出一个综合客观的评价，有利于机制的进一步完善。在建立岷江流域生态补偿的效益评价机制时，应该将以下 13 项指标纳入考核评审中，见下表 10-3。

表 10-3　效益评价指标表

序号	指标	单位
1	生态产业占 GDP 比率	%
2	城镇居民人均可支配收入增幅	%
3	农村居民人均纯收入增幅	%
4	生态移民数	人
5	林业建设投入	万元
6	自然保护区面积占土地面积比例	%
7	水土流失治理率	%
8	跨行政区域交接断面污染物浓度	mg/L
9	城镇生活污水集中处理率	%
10	工业废水处理率	%
11	沼气池年建数	个
12	化肥农药施用强度	kg/hm^2
13	水质自动监测点个数	个

第 11 章　岷江上游干旱河谷区生态屏障建设的制度创新

11.1　加快推进体制改革创新，完善制度保障

十九大报告指出要“优化生态安全屏障体系，构建生态廊道和生物多样性保护网络”。生态屏障建设是流域持续发展的重要保障，生态屏障建设既关系环境问题，同时也是关系自然、社会和经济的复合型命题。岷江上游生态屏障建设要牢固树立和践行绿水青山就是金山银山的理念，坚持节约资源和保护环境的基本国策[1]。

建立健全水资源开发和保护管理制度，完善管理制度体系，地方水资源管理部门应以《中华人民共和国水法》为指导思想，完善流域内相关制度和制度体系建设，划分流域内相关部门分工；协调流域内各部门之间、流域内开发活动与流域环境之间、地区之间的关系，促进流域经济的协调发展。根据相关制度体系对流域内的水资源规划，开发利用和保护进行全局性、全域性的协调管理，确保水资源的合理开发利用。以“创新、协调、绿色、开放、共享”的发展理念指导流域水资源的综合开发管理，协调流域水电、航运、供水、农林牧渔业、环境治理等多方面内容，协调流域资源的具体开发、经营和管理，打破“条块”分割的不良局面，促进流域生态产业的健康发展。构建政府为主导、企业为主体、社会组织和公众共同参与的环境治理体系。

针对岷江上游流域建立生态环境保护制度和考核制度，建立流域保护、考核一体化指标，通过对流域内相关部门和工作人员的考核，确立流域生态环境损害终身责任制制度。

11.2　完善流域监管立法体系，提供法律依据

依据《中华人民共和国水法》和《中华人民共和国水土保持法》，建立健全

---

[1] 中国共产党第十九次全国代表大会. 决胜全面建成小康社会　夺取新时代中国特色社会主义伟大胜利[R]. 2017-10-18.

地方相关法律，完善地方流域管理立法体系。针对水资源的开发利用、水利工程建设、监督管理、水资源污染防治等情况做到有法可依、执法必严。完善相关法律法规，协调地方性法规及流域发展的冲突问题，规范流域管理与行政管理部门的权限。

明确制定生态功能区划相关法律法规，明确生态功能区法律地位、划分原则、确定方法、责任主体、法律责任及执法主体。加强对生态屏障建设的总体设计和组织领导，设立岷江上游自然生态监管机构，完善区域生态环境管理制度及相关法律体系，对区域内部自然资源资产、土地与水资源利用、生态环境修复以及城乡污染物排放实行统一监管，制定相关法律制止和惩处生态环境破坏行为。

在法律规范的基础上，针对流域开发管理机构的权力范围、机构体制、经营机制，建立一系列具有法律约束力的规则和制度，确立其法律地位，以协调流域开发管理机构与流域内各行政区政府、在流域内拥有土地财产所有权的集体和居民之间的关系。

对现有的法律法规进行系统整理，对不符合岷江流域生态产业发展的不合理制度，对与现行的流域管理冲突甚至产生尖锐矛盾的条例要及时修正或者废除，在此基础上，进一步完善流域管理的制度条例。因此，建立一整套适应岷江流域生态产业发展的法律体系，为流域经济开发提供具有指导原则的基本法律保障。

建立流域监管法律法规，完善相应奖惩机制，规范流域水资源管理部门的职责与权限，设立流域监督管理小组并建立流域水资源监管考核体系，对区域内水资源管理部门进行监督管理。

11.3　加大财政金融支持力度，提供资金保障

根据岷江上游生态屏障建设要求，建立健全适合当地经济、社会、生态环境一体化发展的财政、税收体系，完善创新岷江上游地区产业政策体系，加大财政和金融的支持力度，引导产业向生态、绿色产业发展。

财政政策方面，加大税收调控力度，对生态产业发展的一些重点基础性项目如清洁能源生产、水电能源、生态工业等投资巨大的项目进行税收优惠和财政补贴。设立专项的财政基金，对那些高耗能、高污染的产业进行淘汰，对生态产业发展的企业降低资源税率。岷江上游流域各级政府积极争取国家批准发行地方债券资格，成立生态产业发展基金。尤其是选择经济效益好的企业，增加企业债券发行规模，提升财政融资能力，探索创新产业引导基金。

在金融方面，政府通过政策性优惠措施，对发展生态产业的企业实行融资优

惠，如低息贷款、贴息贷款等政策。放宽资本市场门槛，允许岷江上游流域有实力的企业可在A股上市，尤其是创业板融资；力争发展多层次多元化的融资平台，推动证券资金、产业基金、私募基金、风险投资基金对生态产业发展有所作为，不断完善金融体系，提供资金保障。

建立多层次、市场化、多元化的岷江上游流域生态补偿机制和补偿专项资金，设立生态环境管理和保护基金，通过征收生态效益补偿费[1]，用于岷江上游区域内退耕还林、退耕还草建设，鼓励地方民众积极参与生态屏障建设。

11.4　加快产业技术体制创新，强化技术支撑

技术创新是改善生态环境、修复生态破坏的有效手段，也为生态产业的快速发展提供技术保障。岷江流域生态产业发展在技术创新方面面临两大困境：一是缺乏合理利用生态产业发展的技术；二是缺乏技术转化体系。因此，实现生态与经济的协调，必须加快技术创新步伐，强化产业技术体制创新。

建立生态环境监测系统和水资源利用动态监测系统，实现“3S”技术与地面技术的完美结合，对岷江上游流域地区的水资源利用与环境变化实现动态监测。

构建市场导向的绿色技术创新体系，发展绿色金融，壮大节能环保产业、清洁生产产业、清洁能源产业[2]。首先，大力推动建立流域生态产业技术创新和生产基地，重点发展生态产业示范区，鼓励生态技术成果的推广应用。其次，建立公共技术服务平台，建立生态技术转让与推广中心和生态技术资源信息网络，及时了解国内外生态技术创新的最新发展动态，提高生态技术创新信息的传递效率和准确性，加强生态技术创新的研究与开发的能力建设[3]。最后，发展生态工业要大力提升技术支撑力量，充分利用污染治理技术、废物利用技术和清洁生产技术，使得资源利用更加有效率。发展生态农业要充分利用无公害、有机化肥等技术，优化生态农业结构。

11.5　积极推进林业产业发展，提升基础保障

应用产业化的思路指导生态屏障建设，将生态建设与自然保护、发展经济、

---

［1］邓玲. 长江上游生态屏障建设的对策研究[J]. 贵州社会科学，2002，180(6)：10，21-25.

［2］中国共产党第十九次全国代表大会. 决胜全面建成小康社会　夺取新时代中国特色社会主义伟大胜利[R]. 2017-10-18.

［3］黄涛. 建立生态技术范式是对传统的超越[N]. 中国环境报，2009-09-30.

改善生产生活条件、提高群众收入有机结合。坚持工程建设与振兴农村经济相结合，建设以防护林为主体，防护林、用材林、经济林、薪炭林相结合的体系，多树种合理配置，乔灌草、林果药有机结合，片、带、网、点相宜设置。

坚持以林为主、生态优先、适度发展的原则，合理利用林地资源，开发林下特种养殖业，发展林下经济。适当营造速生丰产林、工业原料林和名特优经济林，提高经济效益。充分利用森林景观和人文资源，发展森林旅游业和生态文化产业。扶持发展农民林业专业合作社，推进经济果林的区域化布局、规模化发展、标准化生产、品牌化经营，提高林业的产出和效益，帮助农民增收。通过生态屏障建设，改善城乡人居环境。

通过人工造林、封山育林、人工点撒播三种方式积极开展林业生态修复和森林植被恢复。在人工造林方面，遵循科学性和实用性的原则，对地形、气候与土壤等影响林木生长的主要因素，用自然分类和多因素分析筛选主导因子及逐级抽空的方法，按海拔、坡度级和土壤厚度级划分立地类型，按不同林种、树种和混交方式、造林密度、整地、苗木质量、抚育等技术措施及预期培育目标等进行组合，编制造林模型，干流两岸第一层山脊以内的造林地设计为水源涵养林，坡度41°以上或土厚 30 cm 以下的造林设计为水土保持林，公路两侧设计护路林带。在封山育林方面，加强封禁措施和封育补植，保护有天然下种能力的林地、疏林地、灌木林地，通过人为促进措施和自然恢复尽快恢复植被的无林地。在人工点撒播方面，在受灾垮塌的山体滑坡或地震灾害造成泥石流后形成的堆积扇处，通过人为的点撒播乔、灌、草种，在短期内可形成植被。适宜人工点撒播的地域主要分布在岷江流域的两侧、山体中下部，其管护基本技术方法是“封禁＋补种”。

11.6　全域发展生态经济产业，培育核心竞争力

生态产业体系建设是以循环经济为核心的生态经济体系，其内容包含了基础设施、工业、农业、能源、消费以及建筑物等各个方面。岷江上游生态产业建设应围绕优势资源的可持续利用，积极发展牦牛、特色水果、道地中药材等为代表的生态农业，主要抓好以特色农畜产品加工为支柱的绿色工业产业建设，合理开发以水能资源为核心的生态能源工业，重点打造享誉国际、多元化的生态旅游产业，大力培育现代物流、商贸等生态服务业。建设循环经济，逐步增强县城经济的核心竞争力，坚持城乡经济共融，实现经济持续快速协调健康发展和社会全面进步，最终建成以第三产业为龙头、以旅游业为主导的生态产业体系。

建设岷江上游生态屏障，应当高层次地优化产业结构和空间布局，发展绿色

环保型产业。要以市场为导向，充分发挥优势，努力提高经济增长中的科技含量，促进结构的优化升级，在岷江上游地区逐步形成资源节约型和清洁生产型的高科技产业经济，对上游地区工业的空间布局进一步优化，实现生态经济的良性循环。

调整经济结构以实现环保的一个重要微观措施就是推进企业的“清洁生产”。政府要通过优惠政策和资金支持，把推行清洁生产与结构调整、企业技术进步、节能降耗、资源综合利用和加强企业管理结合起来；建立多层次的技术推广和信息服务中介机构，向企业尤其是中小企业提供清洁生产服务，在一些行业和城市开展示范项目，引导企业开展清洁生产。组织开展技术和装备攻关，提高环保设备成套化、系列化水平，为企业实现清洁生产创造物质条件。

第12章　岷江上游干旱河谷区黑水县生态足迹的计算与分析

12.1　研究区域——黑水县的基本情况

12.1.1　地理位置

黑水县位于阿坝藏族羌族自治州中部，东南毗邻茂县，西南连接理县，西接红原县，东北临近松潘，介于北纬31°35′～32°38′、东经102°35′～103°30′。平均海拔3544 m，以山地为主，行政国土面积4356 km^2，管辖17个乡镇124个行政村。县城驻地芦花镇，距离成都310 km，海拔2350 m。

12.1.2　地形地貌

黑水县地质构造属于川西北地槽区黑水皱褶束，晋宁槽区。受龙门山北东向构造、秦岭纬向构造以及康藏构造三大体系的控制。形成地形结构多样，地势复杂，小地震多，矿藏分布不均的格局。全县境内西北部和四周均为山原地貌，约占行政面积的56%，山原海拔3500 m以上，地形切割不深，地势相对平坦，岩体以花岗岩为主。中部与东南部主要分布高山峡谷地貌，面积约34%，岩体多为变质岩组成，山脊与沟谷并列，地形破碎，海拔在2600 m以下，峰谷海拔相差2000～3000 m，山体平均坡度40°，多为悬崖峭壁，山谷陡峭。在海拔2600～3500 m的地带，地势较为平缓，呈现出少量的台地和阶地。

12.1.3　气候条件

黑水县属于北亚热带气候，由于受到海拔差异的影响，光照条件和温差在垂直面的分布差异大，气温随海拔升高而降低。全年寒雨季节分明，降雨量小。降雨集中在夏季，冬天日照充足，日温差较大，川西山地气候特征明显。历年平均气温9.0℃，年均降雨量831.9 mm，四季分明，全年平均日照1781.3 h。

四节气候分布，春季3～5月，暖气流交替频繁，气温回升快而不稳，时高时低，3月平均温度6.2℃，降雨少，5月降雨多，蒸发量大于降雨量，易导致春旱。夏季 6～8 月，全季度降雨全年最多，降雨量年均 379.8 mm，7 月份最热，平均气温 17.1℃，无酷暑。受降雨影响，山区洪涝灾害频繁。秋季 9～11 月，季度降雨集中在 9、10 月份，阴天较多，平均降雨量 214 mm。冬季 12～2 月，平均气温 2.0℃，1 月最冷，平均降雨量 17.9 mm，具有光照充足、寒冷多晴、气候干燥等高寒气候特征。

12.1.4 人口及自然资源状况

1. 人口与民族

黑水县全年人口出生率 7.18‰，死亡率 4.02‰，人口自然增长率 3.16‰。2012 年末，全县人口总户数 18993 户，其中农村 13888 户。总人口 58972 人，其中农业人口 52164 人，非农人口 6808 人，男，女比例约为 1.02：1。在总人口中，藏族人口 54852 人，占总人口的 93%，汉族人口 3549 人，占总人口的 6%，羌族 489 人，占总人口的 0.8%，回族 57 人，占总人口的 0.09%，其他民族 25 人，占总人口的 0.04%。全县城镇化率达到 29.6%。社会从业人数 3.8 万人，其中第一、二、三产业的从业人数分别为 2.05 万人、0.17 万人、1.6 万人。农村劳动人口 3.29 万人，妇女占 50%。

2. 矿产资源

黑水地质条件复杂，地壳运动未提供生矿床的有利场所，矿产资源的种类较少，石灰岩和各类石类岩沙储量较多，花岗岩体一般含有金、银、铜、钨等金属矿物。县境内的主要矿藏有铁、锰、钨、水晶、冰洲石、金、硫黄、岩盐等，其中低磷锰铁矿的蕴藏量较为丰富。具有开采价值的有卡隆乡的铝土矿、木苏乡的钨矿、三打古村的冰洲石以及四美村和徐古村的铁矿。

3. 生物资源

黑水县生物资源十分丰富，植物资源有 195 科 1693 种，类型多样化，呈明显的垂直地带性分布。从低到高分为河谷半山暖温带干旱河谷旱生灌丛草被(1900 m 以下)、中山温带灌木夏绿针阔叶混交林、高山寒温带夏绿针阔叶混交林、高山寒温带针叶林、高山寒带草甸植被、极高山冻源带稀疏低等植物六种类型。黑水县森林资源丰富，属于川西高山防护林、用材林区，川西高山峡谷水源林、用材林亚区。水果类经济林木以苹果为主，木本粮油类主要以花椒、核桃为主，特种经济林木类以漆树、杜仲、黄檗、沙棘为主。农作物品种类别上有粮食作物12类，130多个品种，经济作物约4类，35个品种，其中粮食作物以玉米、麦类为主，其次是豆类、薯类、荞之等。药用植物资源有400种，如虫草、羌活、贝母、独活、当归、天麻、黄芪、党参、灵芝等。动物药材20余种，如麝香、熊胆、鹿茸、豹骨、猴髓等。野生食用菌资源丰富，名贵的有白木耳、灵芝、蘑菇等。

境内山高谷深，有疏林草地和宽阔的森林，栖息着种类繁多的野生动物，野生动物有鸟类52种、兽类88种、两栖类7种、爬行类9种、鱼类5种，合计有脊椎动物161种。鉴定到属种的昆虫有164种，隶属于14目，71科，229属。家禽家畜主要有牦牛、黄牛、骡、马、山羊、驴、绵羊、猪、狗、兔、鸡、鹅、鸭以及蜜蜂等。

4. 土地资源

全县土地面积435600 hm^2，其中农用地402662.94 hm^2，建设用地850.5 hm^2，未利用土地9561.99 hm^2，土地资源呈立体分布，林牧业用地面积大，山地坡度陡，水土流失严重。

农用地中耕地面积7429.79 hm^2，占土地总面积的2.5%，主要分布在高半山地带和河谷地带。分布特点是阶地上土地面积较少，坡度小于6°，地块小，呈带状；扇形地上土地分布比较集中，坡度在6°～15°，地块较大，地形面积少；耕地的大部分分布在坡地上，坡度较大，一般在15°～35°，与草地、林地分布相同。农业人均占有耕地0.25 hm^2，是全省人均耕地的4.2倍。受自然气候条件的影响，耕地质量不高，土壤贫瘠，产出水平低。

经果林地有679.75 hm^2，分布在河谷与半山腰地带，少数分布在高山地区，气候条件与土壤类型跟农业耕地相同，主要种植有花椒、核桃、苹果等经济林木。

林地面积272912.9 hm^2，林地面积大、分布广，但是分布不均匀，东南分布少，西北分布多，阳坡少，阴坡多，腹心地区少，边远地区多。受气候环境的影响，垂直分布明显。

牧草地面积197781 hm^2，全部是天然草场，改良草地和人工草地较少，主要分布在牧区和农区的山坡上或者高山地带，土壤类型有褐色土、亚高山草甸土和高山草甸土等。丰富的草地植被是黑水县发展畜牧业最具潜力的资源。

建筑用地和矿产用地622.39 hm^2，人均占用面积107.92 m^2。其中城镇面积75.54 hm^2，农村居民建筑占地面积479.27 hm^2。公路占地面积214.49 hm^2，公路密度为0.06 km/km^2，低于全省0.16 km/km^{2}的水平。

其他面积2832.43 hm^2，其中湖泊水面217 hm^2，冰山积雪1125.87 hm^2，河流水面1254.73 hm^2，滩涂234.64 hm^2。

5. 水资源

黑水县境内有毛尔盖河、小黑水河、大黑水河、黑水河四条主要河流。其中毛尔盖河是黑水河上游干流段，岷江二级支流，发源于松潘县毛儿盖区羊拱山北段，全长76 km，流域面积2763 hm^2，天然落差1725 m，河口平均流量55.1 m^3/s，水能蕴藏量3.73万kW。小黑水河是黑水河左岸支流，又称麦扎沟、知木林河，发源于松潘县辣子岭，全长74 km，总落差1970 m，平均流量10.4 m^3/s，流域面积596 km^2，水能蕴藏量7.6万kW。大黑水河发源于之峨太美山，又称维尔纳河，黑水河正源，全长80 km，流域面积1980 km^2，流量48 m^3/s，总落差1905 m，水能蕴藏量38.1万kW。黑水河是岷江右岸一级支流，古称翼水、叠溪，控制流域面积5568 km^2，水位变幅5.8 m。全县各河流、溪沟水资源总储量61.8亿 m^3，地下水资源储量4亿 m^3。

6. 旅游资源

黑水县有丰富的自然和人文旅游资源，是“大九寨”国际旅游环线的重要组成部分，同时也是阿坝州东北旅游的核心区，境内群山环绕，旅游资源独具特色，是森林探险、科普考察、山地运动、极地冰雪探险、旅游独家和旅游观光等资源优势突出的旅游目的地。素有“雪域画廊”和“彩色冰川·秘境黑水”的美誉。著名自然景观有国家森林公园——雅克夏、彩林世界——奶子沟、基地大本营——三峨雪山、嘉绒藏族第一寨——色尔古藏族、中国苔藓泉化世界——卡龙沟、世界色彩冰川——达古冰川等。

人文旅游方面有藏族人民独特的地域文化，民族歌舞多彩纷呈，“穷度卜节”“木巴节”等民俗自然纯朴。民族建筑典雅古朴，民族服饰绚丽缤纷。其中铠甲舞已被列入首批国家非物质文化遗产名录。

红色旅游文化在黑水县旅游资源中占有重要地位，中国工农红军长征期间曾三次穿越黑水境内，且在县城驻地芦花镇召开著名的“芦花会议”，长征途中翻越的五座雪山中，就包含有黑水境内的雅克夏雪山、昌德雪山、打古雪山。革命遗址不仅是爱国教育的场所，也是学习革命历史的理想地点。

12.1.5 社会经济发展现状

2012年，黑水县实现了“增强经济实力、完成重建任务、提升幸福指数”

三大预期目标。在“加快发展、跨越追赶”的进程中，民生改善、经济快速发展。全年实现地区生产总值(GDP)148990万元，排在阿坝州第六位，按可比价计算比上年增长39.5%，增幅在全州居第一位，比全州平均水平高25.8个百分点。其中，第一产业增加值为15971万元，比2011年增长了10.1%，拉动经济增长1.4个百分点，对经济增长的贡献率为5.38%；第二产业实现增加值106745万元，比上年增长了57.0%，拉动经济增长36.5个百分点，对经济增长贡献率为89.23%；第三产业实现增加值为26274万元，比上年增长了7.2%，拉动经济增长1.6个百分点，经济增长贡献率为5.39%。

随着经济的快速发展，产业结构逐渐合理化，三产业的增加值比重由2011年的13.0∶64.2∶22.8调整为10.7∶71.7∶17.6。其中，旅游和水电在县域经济发展中的支柱作用越来越明显。由于水电产业的带动，黑水县民营经济也快速发展起来，矿泉水公司、食品厂等民营企业的发展给黑水经济的发展注入了活力，2012年民营经济增加值突破77117万元，比2011年增长了46.4%，占GDP比重的51.8%。民营经济在第一产业中的增加值为5649万元，增长了7.3%，在第二产业中的增加值为62109万元，增长了80.5%，在第三产业中增加值为9359万元，增长了12.1%。

2012年，黑水县农业经济健康发展，把“五个一万工程”和“一带一园六大基地”作为农业快速发展的目标，大力发展生态农业。全年耕种面积11.9万亩，比上年增加0.52万亩，粮食产量1.7万t，同比增长470 t。建成10个农业示范点和5个核心示范基地。种植经济农作物1.3万亩，早实核桃4300亩，特色水果1100万亩，胡豆、马铃薯等传统作物2万亩，荞麦1万亩。养殖业和畜牧业发展步伐不断加快，在吉拉土鸡养殖基地的带动下，全县14个乡镇300多户农牧民参与到土鸡养殖中。生猪养殖基地4个，年出栏生猪400头，肉类47 t，商品率28.7%。实现农林牧渔业产值22834万元。其中，农业、牧业、林业、服务业的产值分别是6418万元、9264万元、4724万元、2383万元，同比增长分别是21.9%、6.9%、5.0%、7.0%。全县124个村实现移动网络覆盖，公路实现村村相通，拥有农业机械总动力5万kW，农村的农业生产生活条件和基础设施逐步改善。

在“工业强县”战略的指导下，黑水县大力发展旅游业和水电产业，工业经济在水电产业的带动下快速发展，2012年底规模以上水电装机108万kW，实现工业增加值92360万元，比上年增长80.8%。成为历年来增速最快的一年。在建筑业发展方面，从业人数20人，具备资质等级的建筑企业1家，实现年产值725万元，比上年增长25%。黑水县全年完成固定资产投资310905万元，比上年增长 7.6%，居全州第四位，其中农户投资 23600 万元。其中重点项目增长较快，完成投资 267460 万元，占所有投资的 86.0%。产业投资结构逐渐完善，第一产业投资 22327 万元，占比 7.2%，第二产业投资 258932 万元，占比 83.3%。第三产业投资 29464 万元，占比 9.5%。从中可以看出，工业是黑水经济主要投资方向。

交通运输业快速发展，全县公路通车里程 1447 km，全年完成公路货运周转量 6564 万 t/km，比上年下降 13.87%；完成客运周转量 7894 万人/km，比上年增长 10.06%。同时，公路实现了村村通。

消费品市场增长平稳，在国家惠农政策的带动下，居民购买力有所提高，全年实现社会消费品零售总额 22554 万元，比上年增长了 17.7%。城镇市场的发展整体快于农村，而农村受外出务工人员数量的影响，消费水平不如城镇。农村全年零售额 4199 万元，增长 15%，城镇全年零售额 18355 万元，增长 18%。商品零售占消费品的主导地位，零售额 18938 万元，占社会消费零售额的 84%。餐饮与住宿收入 3616 万元，增长 49.4%，占零售总额的 16%。

在教育、卫生、科技、文化等方面，黑水县有小学 34 所，普通中学 3 所。2012 年在校生 7707 人，其中教师 505 人，中学在校生 2274 人，小学生 5433 人，学龄儿童入学率达 99.64%。卫生事业逐步完善，顺利推进医疗体制改革，加强卫生基础设施建设，实现卫生事业的健康发展。全县卫生机构共有 19 个，医生 101 人，医疗技术人员 187 人，床位 163 张，农村新型医疗合作 48832 人。科技创新制度逐步完善，在科学技术的指导下，引进 10 个水果新品种，藏家红果试验取得进展，玛卡等中药材在色尔古试种取得实效，农业科技实力明显提高，示范带动作用不断扩大。广电事业健康发展，建成 8 个寺庙书屋，成立 7 个文艺演出协会，开展文化下乡活动近 20 场，以及电视广播的全面普及，丰富了群众的文化生活。

在人民生活水平与社会保障方面，全县人均生产总值 24425 元，比 2011 年增长 42.3%，居民收入明显增加，城镇单位在岗职工 3849 人，职工工资总额 19096.9 万元，比上年增长 21%，在岗职工年平均工资 50655 万元，比上年增长 19.7%。农牧民人均纯收入 4840 万元，比上年增长 23.4%，居全州 12 位；城镇居民人均可支配收入 21000 元，比上年增长 12.82%，居全州第 8 位。城镇 2012 年新增就业 438 人，其中再就业 30 人，残疾人就业 20 人。农牧民技术培训 2.2 万人次，新村扶贫 3 个，惠及人口 1606 人。新农村建设家园村 33 个，覆盖群众 4309 户 15000 多人。建设移民安置村 59 个，安置群众 5907 户。养老保险机制逐步完善，参加养老保险人员 1788 人，发放养老金 440 万元，城镇低保覆盖 19926

人，发放救助金 2864 万元。

12.2 研究区域的数据来源

本书计算黑水县生态足迹的所有数据资料主要来源与以下几个方面：①直接来源黑水县 2008～2012 年各年间的《黑水县统计年鉴》《黑水县志》，以及阿坝州相关年份的《阿坝州统计年鉴》；②生态足迹计算相关的一些数据来源于黑水县政府部门的调查数据和相关统计数据，主要有黑水县《领导干部工作手册》、2012 年黑水县城镇住户调查分析、2012 年黑水县农村居民家庭概况以及黑水县公开的一些政府文件；③计算过程中有些相关数据根据实际情况合理折算、汇总。

12.3 研究区域的数据处理分析

黑水县生态足迹的计算主要涉及的部分有：①耕地生态足迹计算，主要数据来源于农产品的消费量；②林地生态足迹计算，涉及林业和经果业产品消费项目的数据；③畜牧草地生态足迹的计算，主要数据来源于肉类产品的消费项目和动物毛皮的消费等；④水域生态足迹的计算，根据对黑水县水产品的种类进行分析，认为黑水县水域的生态足迹计算数据主要来自鱼类的消费量；⑤建筑用地生态足迹的计算，主要根据黑水县城镇、乡村建筑面积和交通道路运输面积来进行测算；⑥化石燃料用地主要用天然气和能源的消费量进行计算；⑦生态承载力的计算，主要计算黑水县生态的供给能力；⑧在计算贸易时，由于黑水县进出口统计数据收集较少，根据实际情况，对出口商品和进口商品进行适当调整。

12.4 黑水县 2012 年生态足迹计算与分析

12.4.1 黑水县 2012 年生态足迹计算

根据 2013 年黑水县《统计年鉴》的数据，用生态足迹计算公式(2-1)对黑水县人均占用各类型的生态生产性土地面积进行计算，得出各种生物资源土地类型的人均占用的生态足迹(见表 12-1)。

表 12-1　2012 年黑水县生物资源账户

土地类型	生物项目	黑水县生物消费量/kg	全球平均产量/kg/hm²	人口/人	总生态足迹/hm²	人均生态足迹/hm²	均衡因子	调整后人均生态足迹/hm²
耕地	谷物	11202626.0	2744	61737	4082.589668	0.0661287	2.8	0.1851604
	豆类	1313454.68	1856		707.6803233	0.0114628		0.0320958
	薯类	4120000	12607		326.80257	0.0052935		0.0148218
	蔬菜	78520920	18000		4362.2734	0.070659		0.197845
	油料	910620.75	1856		490.63618	0.0079472		0.0222522
	烟叶	74084.4	1548		47.8581395	0.0007752		0.0021706
	酒类	826658.43	7196		114.8774917	0.0018608		0.0052102
	糖类	67910.7	18000		3.7728167	0.0000611		0.0001711
草地	猪肉	1887300.09	74		25504.05527	0.4131081	0.5	0.2065541
	牛肉	244478.52	33		7408.44	0.12		0.06
	羊肉	111126.6	33		3367.472727	0.0545455		0.0272728
	奶类	713062.35	502		1420.442928	0.023008		0.011504
	家禽肉	642640.35	400		1606.60088	0.026023		0.013012
	绵羊毛	19000	15		1266.666667	0.0205171		0.0102586
	山羊毛	10000	15		666.6666667	0.0107985		0.0053993
	羊绒	312000	15		20800	0.336913		0.1684565
林地	茶叶	22842.69	566		40.3581095	0.0006537	1.1	0.0007191
	核桃	670100	3000		223.3666667	0.003618		0.0039798
	花椒	105000	945		111.1111111	0.0017997		0.0019797
	水果	648238.5	3500		185.211	0.003		0.0033
	水产品	169776.75	29		5854.37069	0.0948276		0.0189655
水域							0.2	
合计					78591.25			0.991129

数据来源：2013 年黑水县《黑水县统计年鉴》《2012 年黑水县城镇住户调查分析》。

从 2012 年黑水县生物资源账户的计算得出，黑水县 2012 年生物资源生态生产性土地的生态足迹为 78591.25 hm²，人均生物资源生物生产性土地生态足迹为 0.991129 hm²。在计算生物资源账户时，谷物主要有小麦、青稞、玉米、稻谷。黑水县不产水稻，然而黑水县大米的消费量为人均 55.52 kg，人均消费量乘以黑水县总人口得出黑水县大米的消费量，按照 1 kg 稻谷产出 0.7 kg 大米的比例关系，计算出黑水县稻谷的消费量。在计算绵羊毛、山羊毛、羊绒消费量的时候，由于没有考虑对外贸易买进的衣服等消费品，因此，认为黑水县为一个相对封闭的区域，绵羊毛、山羊毛、羊绒的产量与消费量相同。在林地的计算中，由于黑水县森林覆盖率为 35%，政府禁止砍伐岷江上游森林资源，因此，没有把木材计算在消费项目中，主要计算了茶叶、核桃、花椒、水果的消费量。水产品主要是鱼类。

在计算黑水县能源土地生态足迹账户时，用电量主要来自黑水县电力公司提供的 2012 年全县电力消费量的数据，采用世界上单位化石燃料生产土地面积和平均发热量为标准[1]，把电力的消费量转化为建设用地的土地面积，把灌装液化石油气和管道天然气的消费量转化为化石能源生产土地面积，计算结果见表 12-2。

表 12-2 2012 年黑水县生态足迹能源账户

土地类型	能源项目	黑水县能源消费量/t	折算系数/(GJ/t)	折算后消费量/GJ	全球平均能源足迹/(GJ/hm^2)	人口/人	人均消费量/GJ	均衡因子	调整后人均生态足迹/hm^2
建筑用地	电力	6432.75806	11.84	76163.85543	1000	61737	1.2336825	2.8	0.0034544
化石燃料土地	灌装液化石油气	1424.88996	50.2	71529.47599	71	61737	1.158616	1.1	0.0179504
	管道天然气	5561.892504	38.98	216802.5698	93	61737	3.5117121	1.1	0.0415364

从表 12-2 的数据中，可以看出建设用地的净人均生态足迹为 0.0034544 hm^2，化石燃料土地的净人均生态足迹为 0.059487 hm^2。由表 12-1、表 12-2 中各类土地的人均净生态足迹，利用公式(2-1)进行计算，得出黑水县人均净生态足迹为 1.143881 hm^2，全县总的生态足迹为 81997.08 hm^2。

12.4.2 黑水县 2012 年生态承载力计算

由于黑水县大部分土地每年只有一季收成，有些土地类型生物产品单一，因此，在计算产量因子时，耕地采用谷物产量；草地采用牛肉的产量；林地采用水果的产量；建筑用地的标准和耕地一样；水域采用鱼的产量；未利用地产量因子取 1。利用第 2 章生态承载力计算公式(2-6)进行计算，得出 2012 年黑水县各类

[1] Wackernagel M, Onisto L, Bello P, et al. National natural capital accounting with the ecological footprint concept[J]. Ecological Economics, 1999, 29(3): 375-390.

型生态生产性土地的产量因子，见表 12-3。

表 12-3　2012 年黑水县各类生物生产性土地的产量因子

土地类型	耕地	草地	林地	水域	未利用地
黑水县平均产量	2398.18	33.88	2507.46	55.22	1.00
世界平均产量	2744.00	33.00	3500.00	29.00	1.00
产量因子	0.87	1.03	0.72	1.90	1.00

参照黑水县统计局 2013 年编写的《黑水县统计年鉴》和黑水实地调研收集数据资料，运用第 2 章公式(2-3)，计算出 2012 年黑水县生物生产性土地的毛、净人均生态承载力(见表 12-4)。在计算过程中，由于林地面积的原始数据包括近年来刚种植的新林地，很多树苗很小，面积大，因此，在计算林地的时候，只考虑了黑水县的森林面积和经济林地，对新增加的植树造林林地没有计算在内。未利用土地主要包括沼泽，沙石地，荒地等。

表 12-4　2012 年黑水县生物生产性土地生态承载力

土地类型	土地面积/hm^2	人口/人	人均面积/hm^2	产量因子	均衡因子	毛人均生态承载力/hm^2	净人均生态承载力/hm^2
耕地	7630.326667	61737	0.123594063	0.87	2.8	0.301075137	0.264946121
草地	141542.8133	61737	2.292673977	1.03	0.5	1.180727098	1.039039846
林地	145317.4795	61737	2.353815046	0.72	1.1	1.864221516	1.640514935
建筑用地	1595.173333	61737	0.025838206	0.87	2.8	0.06294187	0.055388846
水域	3072.773333	61737	0.04977199	1.9	0.2	0.018913356	0.016643753
未利用土地	14650.79333	61737	0.237309771	1	0.12	0.028477173	0.025059912
总计						3.456356151	3.027465

12.4.3　黑水县 2012 年生态盈余/赤字计算

根据表 12-1、表 12-2、表 12-4 的数据，我们计算出 2012 年黑水县生态盈余/赤字情况(见表 12-5)。

表 12-5　2012 年黑水县生态盈余/赤字　　　　单位：hm^2

土地类型	人口	人均生态承载力	人均生态足迹	生态盈余/赤字
耕地	61737	0.266156	0.459727	−0.19357
草地		1.035678	0.502457	0.533221
林地		1.64825	0.09979	1.52846
水域		0.0164	0.018966	−0.00229
建筑用地		0.055642	0.003454	0.0552188
化石能源用地		0.000000	0.059487	−0.05949
未利用土地		0.02506	0.000000	0.02506
				1.883584

12.4.4　黑水县 2012 年生态足迹计算结果分析

从黑水县生态盈余/赤字情况的计算结果，可以看出 2012 年黑水县净人均生态承载力为 3.027465 hm^2，比净人均生态足迹 1.143881 hm^2 高出 1.883584 hm^2。总的生态承载力为 186906.6067 hm^2，总的生态足迹为 81997.8 hm^2，从整体来看，黑水县的发展目前处于可持续的发展状况，全县生态盈余为 104908.81 hm^2。从表 12-5 的结果中可以看出，农业耕地人均生态赤字 0.19357 hm^2，这结果与黑水县耕地面积有限有密切的关系，黑水县耕地主要集中在河谷地带，土地沿河谷分布，面积还不到行政面积的 2.5%。耕地的人均生产力只有 0.266156 hm^2，而黑水县人们的人均耕地消费需求为 0.459727 hm^2。要解决黑水县耕地赤字问题，除了优化农业产业结构外，最主要的还是提高农业科技水平，发展适合当地土质、气候等条件的农产品，增加单位面积的产量。水域人均生态赤字 0.00229 hm^2，是因为黑水县水域主要是河流，有大小溪沟 48 条，流经面积 3073 hm^2，但由于黑水县水资源丰富，规模以上的水电站有 5 个，这些水电的开发，导致了黑水截流情况比较严重，很多河流因截留而出现下游流量大量减少的情况。水电截流不仅影响水资源的正常分配，而且对水生物的生长环境产生负面的影响，最直接的影响就是下游流量减小、鱼类等水产品数量减少，水体环境污染加重。化石能源用地人均生态赤字 0.059487 hm^2，是因为黑水县化石能源的消费主要有灌装液化石油气和管道天然气，虽然化石能源的消费量不高，但是随着黑水县工业的发展，化石能源的消费不断增加，直接影响了当地的生态环境，进一步加大了生态赤字情况。建筑用地、未利用土地，它们的生态虽然处在盈余的情况，但是盈余量不大，二者的盈余量占比不到全部盈余的 5%。生态盈余情况最好的是林地，黑水县森林资源丰富，占全县行政面积 35%，人均生态盈余 1.52846 hm^2。原因是黑水县林业经济发展快速，2012 年农村林业产值 4724 万元，比 2011 年增加了 5.0%。同时，大力发展果林业经济，也是黑水县经济可持续发展的一大路径，黑水县不仅有发展果林经济的条件，而且随着现代果林经济的发展，黑水县也有能力发展好自身的果林业经济，在增加农村经济收入的同时，对岷江上游的水土保持也有积极的作用。草地生态盈余 0.533221 hm^2，仅次于林地。原因是最近几年，由于加强岷江上游生态环境的保护，黑水县植被恢复比较明显。黑水县的畜牧业离不开生态环境的恢复。2012 年，黑水县牧业产值 9246 万元，比 2011 年增加了 6.9%，畜牧经济占黑水县农村经济总收入的 15%。畜牧业的快速发展，不断影响黑水县草地生态的承载力，黑水畜牧业要健康快速的发展。首先应该权衡当地草地生态环境的承载力，只有在不过度放牧的情况下，黑水县的草地生态环境和草地经济才会保持良好的可持续的发展。

12.5　黑水县 2008～2012 年生态足迹计算与可持续发展分析

12.5.1　黑水县 2008～2012 年生态足迹计算

根据在黑水县收集到的数据资料以及 2008～2012 年黑水县政府工作报告和《统计年鉴》的相关数据，整理出 2008～2012 年黑水县资源消费项目的账户，运用生态足迹的计算理论和方法，计算出黑水县近 5 年的人均生态足迹，参考黑水县 2008～2012 年部分资源账户数据，计算结果见表 12-6。

表 12-6　2008～2012 年黑水县各类土地人均生态足迹汇总　单位：hm^2

土地类型＼年份	2008 年	2009 年	2010 年	2011 年	2012 年
耕地	0.36268	0.386054	0.431771	0.438463	0.459727
草地	0.266089	0.379759	0.399316	0.407454	0.502457
林地	0.005543	0.007027	0.008046	0.010807	0.09979
水域	0.011362	0.013802	0.026885	0.036629	0.018966
建筑用地	0.002477	0.002482	0.002656	0.002791	0.003454
化石燃料用地	0.042265	0.049572	0.053114	0.058601	0.059487
总计	0.690416	0.838696	0.921788	0.954745	1.143881

12.5.2　黑水县 2008～2012 年生态足迹计算结果分析

1. 人均生态足迹走势分析

根据表 12-6 的数据可知，黑水县 2008～2012 年这 5 年里，生态足迹总体上呈上升的态势。从上升速度来看，可以分为三个阶段，2008～2009 年以及 2011～2012 年上升速度相对较快，2009～2011 年速度比较平缓。2008 年人均生态足迹为 0.690416 hm^2，而 2009 年上升到 0.838396 hm^2，上升了 0.14798 hm^2。2009～2011 年人均生态足迹从 0.838396 hm^2 上升到 0.954745 hm^2 且上升了 0.116349 hm^2。在 2011～2012 年一年的时间里，人均生态足迹从 0.954745 hm^2 上升到 1.143881 hm^2，上升了 0.189136 hm^2，其上升速度比前 4 年快。从总的人均生态足迹来看，黑水县经济发展的步伐开始逐渐加快，人们的生活水平和人均消费水平均在不断提高。2008 年受地震的影响，人均消费水平增长缓慢，而 2009 年，恢复重建，加快了黑水县经济的发展，人们的经济生产生活也得以恢复发展。从图 12-1 中，能清晰看到这一地区生态足迹的变化趋势。

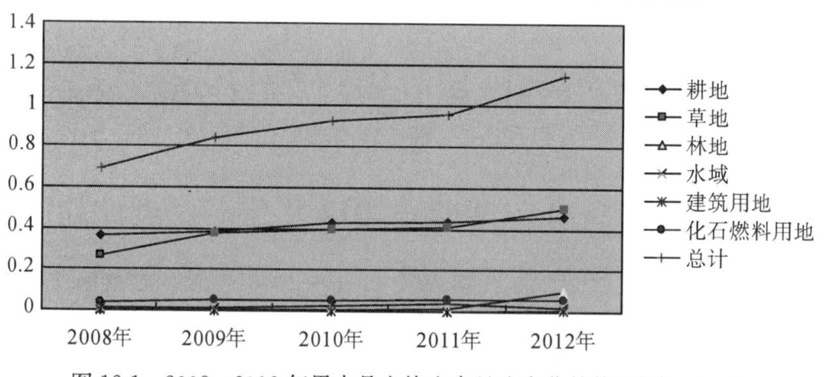

图 12-1　2008～2012 年黑水县人均生态足迹变化趋势(单位：hm^2)

2. 各种生物生产性土地面积的人均生态足迹分析

耕地生态足迹分析：根据表 12-6 的数据和图 12-1 生态足迹的走势图，耕地的人均生态足迹在总生态足迹中占比 40%，平均每年增长速度 0.0242618 hm^2。黑水县耕地生态足迹变化较为缓慢，主要是黑水县耕地面积有限，占地面积不到行政面积的 2.5%。且土地分布不均匀，受地形地势的影响，粮食无法从产量和质量上提高。从 2008～2012 年黑水县耕地的人均生态足迹上升了 0.097047 hm^2。由于生活水平的提高，人们的食品消费也在不断增加，虽然耕地面积没有很大的变化，但是生态足迹呈现逐年上升的趋势。总的来讲，粮食是人们生活的基本保障，在消费比例中占有很大比重，但是随着经济社会的发展，人们的生活水平越来越高，食物消费在消费结构中的比例会逐渐下降。

草地生态足迹分析：从图 12-1 中可以看出，草地的人均生态足迹增长速度快于其他土地面积，2008～2009 年间增长最快，几乎接近耕地的人均生态足迹，但是在 2009～2010 年，速度相对放缓，只增长了 0.019557 hm^2。在 2011～2012

年，草地的人均生态足迹开始超过耕地的生态足迹，达到了 0.502457 hm^2。2008 年，黑水县加快了农村养殖业的发展，建成了基地＋养殖户的肉牛养殖基地、肉羊基地以及优质肉兔和家禽养殖基地，大力建设配套的基础设施，形成规模的滚动式“基地＋养殖户”生产模式。2009～2011 年，在 2008 年的基础上，畜牧养殖业稳步发展，到了 2011 年，新建成了 4 个生猪养殖基地，改良各类牲畜 8489 头，在吉拉村土鸡养殖的带动下，307 户农户开始发展土鸡养殖，从而提高了草地的整体生产效率。养殖业的发展增加了人们的收入，同时提高了人们的消费水平。丰富的肉类资源，促进了人们对畜牧资源消费水平的提高，从而提高了草地人均生态足迹。相对于其他用地，2008～2012 年草地的人均生态足迹增长最快。

林地生态足迹分析：结合表 12-6 的数据和图 12-1 的走势来看，林地的人均生态足迹不高，5 年总的生态足迹只有 0.131213 hm^2，平均增长速度是 0.0328033 hm^2。在图 12-1 中，林地在 2008～2011 年几乎是一条直线，到 2011～2012 年，有一个快速增长的趋势，此时，增长速度最快，增速达到了 0.088983 hm^2。从黑水县经济发展角度分析，2008 年大地震过后，黑水县加快了生态建设力度，水果产业成为黑水县发展农村经济的优势产业，同时，黑水县大力推广早实核桃，花椒等种植产业种植，但是由于周期性等因素的影响，2009 年，水果产量只有 0.04 万 t，2011 年水果的产量仍然保持在 0.04 万 t 左右，从而导致黑水县林业项目消费生态足迹不高。2012 年，核桃、花椒等林业产品开始收获，苹果、核桃、花椒等林业产品的产量达到了 1275.6 t，产量的提高不仅能够满足黑水县林业产品的需求，还能促使价格下降，引起消费量增加，促使 2012 年林地的人均生态足迹快速升高。

水域生态足迹分析：水域的人均生态足迹增长速度为 0.001901 hm^2，2008～2011 年，水域生态足迹呈逐年上升的趋势，年均增长 0.0063168 hm^2，2012 年的水域生态足迹比 2011 年下降了 0.017663 hm^2。从水资源消费产品供应分析，黑水县水产品主要是鱼类，虾蟹等。黑水县大部分鱼类来自境内河流，其余部分靠成都等地区供应，由于受到运输成本的影响，境内大部分水产品靠自给自足。为了发展地区经济，黑水县大力发展水电产业使得部分河流出现截流与干枯等现象，从而导致水生物减少，影响了水资源产品消费。

建筑用地及化石燃料用地生态足迹分析：建筑用地人均生态足迹在所有生物生产性土地面积中占比最少，增幅也慢，2008～2012 年，建筑用地的人均生态足迹从 0.002477 hm^2 增长到了 0.003454 hm^2，增长速度为 0.00024425 hm^2。建筑用地的消费项目来自黑水县全年用电消费量，黑水县处在岷江上游，工业发展相对落后，因此，电能的消费主要来自居民用电量，用电量的变化不大。化石燃料用地的人居生态足迹呈逐年上升的趋势，增长速度大于建筑用地，2008～2012年化石燃料用地人均生态足迹增长了 0.017222 hm²。农业机械的使用以及生活能源的使用，是化石能源人均生态足迹变化的主要原因。随着经济的发展，农机在农村逐渐增多，液化石油气的使用也随之增加。再加上节能炊具的推广，传统的农村能源逐渐被管道天然气等能源代替，使得化石燃料用地的生态足迹逐年增加。

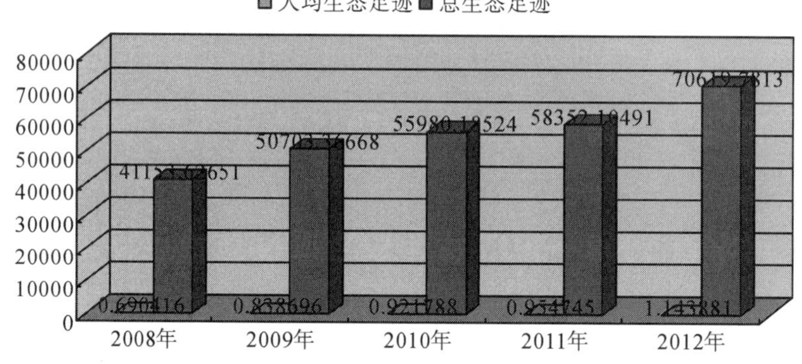

图 12-2　黑水县 2008～2012 年人均生态足迹与总生态足迹增长图(单位：hm²)

12.5.3　黑水县 2008～2012 年生态承载力计算

根据黑水县统计年鉴数据，查出 2008～2012 年各类生产性土地的产量以及土地面积，利用第 2 章中的公式(2-6)计算生产性土地面积的产量因子。根据每年产量的不同以及播种面积的不同，各年的产量因子也不同。计算方法与计算 2012 年的产量因子方法相同，统计结果如表 12-7。

表 12-7　黑水县 2008～2012 年各类生产性土地面积的产量因子

	2008 年	2009 年	2010 年	2011 年	2012 年
耕地	0.803171	0.846877	0.841414	0.86691	0.873972
草地	0.727273	0.960606	0.981818	0.878788	1.026667
林地	0.58476	0.493143	0.801714	0.676194	0.714617
水域	1.904138	1.904138	1.904138	1.904138	1.904138
建筑用地	0.803171	0.846877	0.841414	0.86691	0.873972
未利用土地	1	1	1	1	1

1. 黑水县 2008～2012 年生态承载力的计算

黑水县生物生产性土地的毛生态承载力等于该类土地的面积乘以土地的产量

因子，再乘以一个均衡因子。净生态承载力等于毛生态承载力乘以 0.88，其中 0.88 为生态承载力的调整系数。通过计算，黑水县 2008～2012 年人均生态承载力见表 12-8。

表 12-8　2008～2012 年黑水县生人均生态承载力　　单位：hm^2

土地类型	2008 年	2009 年	2010 年	2011 年	2012 年
耕地	0.215807	0.22781	0.225316	0.230669	0.266156
草地	0.772817	1.005122	1.016322	0.903897	1.035678
林地	1.461998	1.21503	1.857133	1.556428	1.62825
建筑用地	0.032726	0.03597	0.040741	0.045061	0.055642
水域	0.018985	0.018656	0.015268	0.017128	0.01668
未利用土地	0.01012	0.00824	0.024327	0.024007	0.02506
总计	2.512452	2.510828	3.179107	2.777189	3.027465

2. 黑水县 2008～2012 年总人均生态承载力分析

根据表 12-8 人均生态承载力数据分析，2008 年总人均生态承载力为 2.512452 hm^2。其中林地的生态承载力最大。2009 年，总人均生态承载力比上一年下降了 0.001624 hm^2，草地的生态承载力有所增长。2010 年，总人均生态承载力增长最快，从 2009 年的 2.510828 hm^2增长到了 3.179107 hm^2，增长速度为 0.668279 hm^2。林地的生态承载力整体得到改善，果林经济的发展投入增加，水果、花椒等产量大幅提高。2011 年，总人均生态承载力比上一年下降了 0.401918 hm^2。下降幅度最大的是林地，其次是草地，耕地的生态承载力保持平稳。2012 年整体生态承载力趋于好转，比 2011 年增长了 0.250276 hm^2。

从图 12-3 人均生态足迹的走势图分析，2008～2009 年，总人均生态承载力保持在 2.51 hm^2左右，且有下降的趋势。2010 年，总人均生态承载力增速最快，是 5 年中最高的一年。2011 年则下降到了 2.777189 hm^2，2012 年有所回升。从总人均生态承载力走势可以看出，生态承载力是在不断波动的。今后，在加快岷江上游生态保护的政策指导下，黑水县的生态水果、畜牧等产业不断发展，生态环境的恢复能力将逐渐增强。

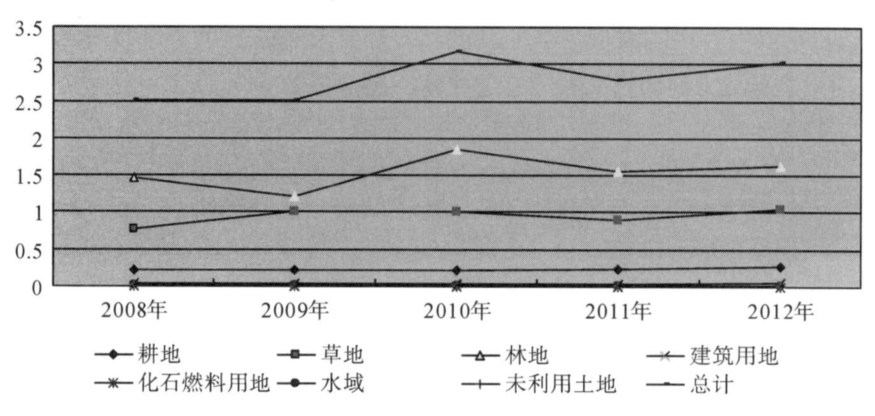

图 12-3　黑水县 2008～2012 年各类土地的人均生态承载力趋势(单位：hm^2)

3. 黑水县 2008～2012 年各类土地的人均生态承载力分析

从表 12-8 和图 12-3 中各类生物生产土地人均生态承载力的数据和变化趋势，可以看出：

耕地的人均生态承载力比较平稳，保持在 0.215807～0.266156 hm^2 波动，2010 年比 2009 年有所下降，但从耕地的整体来看，处于增长状况，增长速度为 0.0125873 hm^2。黑水县粮食产量 2008～2012 年没有发生根本的变化。在耕地 0.66 万 hm^2 的面积上，粮食播种面积每年保持在 0.75 万 hm^2 左右，粮食产量一直无法提高，常年只有一季的收成，而且受气候环境影响较大。

草地的生态承载力相对较好，2008～2009 年，人均生态承载力提高了 0.232305 hm^2，是 5 年中增速最快的。从生产率角度来看，2008 年，黑水县加大了生态畜牧业的发展，使得畜牧产品增长较快，从而提高了单位面积的产量，增强了草地的生态承载能力。2010 年，草地生态承载力保持稳定发展，2011 年，草地的生态承载力有所下降，降幅为 0.112425 hm^2，2012 年，开始缓慢提高，达到 1.035678 hm^2。

林地生态承载力在所有土地中占比最大，2008 年林地人均生态承载力为 1.461998 hm^2，2009 年下降了 17%，降幅占比最大。2010 年回升到 1.857133 hm^2，是因为这一年，黑水县苹果、梨、花椒等产量快速增长，政府大力支持发展生态林业经济。2011 年，人均生态承载力为 1.556428 hm^2。2012 年林地保持平稳发展，承载力波动不大。

建筑用地、化石燃料用地、水域及未利用地等人均生态承载力比较少，其中，建筑用地每年都在增加，但增加速度较小，增加原因在于建筑用地的面积每年有所增长，而产量因子也因粮食产量的提高而增加，人均生态承载力增长速度为 0.005729 hm^2。黑水县缺乏化石能源资源和天然气资源，所以，化石燃料土地的生态承载力为 0 hm^2。水域生态承载力 2008～2010 年逐年减少，2011 年从 0.015268 hm^2 增加到 0.017128 hm^2，2012 年又降至 0.01668 hm^2。分析其中变化的原因在于黑水县的水电开发，使得水域生态环境逐渐恶化，水生物资源减少，引起水产品产量下降。未利用土地虽然没有生物产量，但是在生态平衡过程中，起到了重要作用，因此未利用土地的产量因子取 1，生态承载力 2008～2012 年增长了 0.01494 hm^2(图 12-4)。

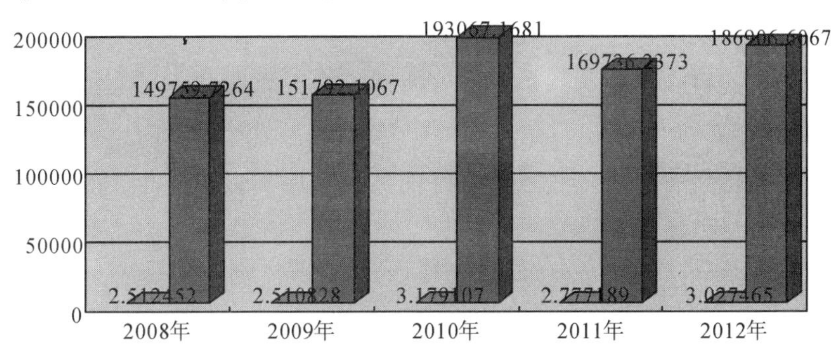

图 12-4　黑水县 2008～2012 年人均生态承载力与总生态承载力(单位：hm^2)

12.5.4　黑水县 2008～2012 年生态赤字/盈余计算与可持续发展分析

1. 生态赤字/盈余计算

根据第 2 章生态赤字/盈余的计算公式(2-7)，把黑水县 2008～2012 年的生物生产土地的生态承载力减去相应的生态足迹，当计算结果大于 0，即为生态盈余，计算结果小于 0，即为生态赤字，计算结果见表 12-9。

表 12-9　黑水县 2008～2012 年生态赤字/盈余　单位：hm^2

土地类型＼年份	2008 年	2009 年	2010 年	2011 年	2012 年
耕地	−0.14687	−0.15824	−0.20646	−0.20779	−0.19357
草地	0.506728	0.625363	0.617006	0.496443	0.533221
林地	1.456455	1.208003	1.849087	1.545621	1.52846
建筑用地	0.030249	0.033488	0.038085	0.04227	0.052188
化石燃料用地	−0.04227	−0.04957	−0.05311	−0.0586	−0.05949
水域	0.007623	0.004854	−0.01162	−0.0195	−0.00229

续表

土地类型＼年份	2008 年	2009 年	2010 年	2011 年	2012 年
未利用土地	0.01012	0.00824	0.024327	0.024007	0.02506
总计	1.822036	1.672132	2.257319	1.822444	1.883584

1)生态盈余总量及可持续发展分析

从表 12-9 的数据可以看出，黑水县总体人均生态承载力大于生态足迹，生态盈余一直保持在 1.5 hm^2 以上，处于可持续发展状态。但是，整体波动比较大，2008～2009 年出现生态盈余下降，达到 5 年中最低点 1.672132 hm^2，虽然 2010 年生态盈余回升到 2.257319 hm^2，但 2011 年又下降到了 1.822444 hm^2。黑水县的生态盈余应归功于黑水县良好的生态环境和最近几年生态产业的良好发展。

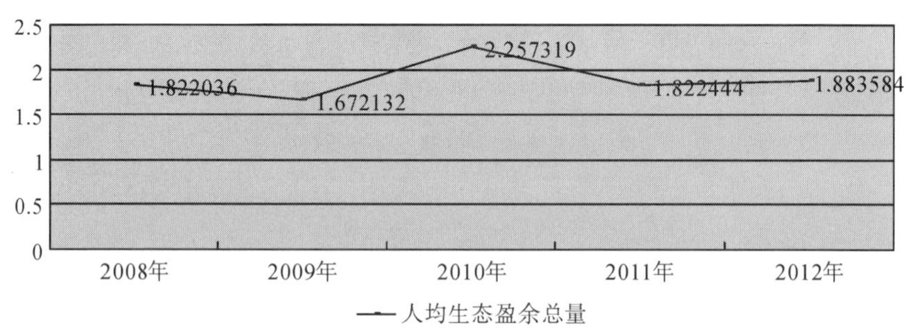

图 12-5　黑水县 2008～2012 生态盈余总量走势图(单位：hm^2)

2)各类生产性土地生态赤字/盈余与可持续发展分析

从表 12-9 的数据中可以看到，2008～2012 年，耕地和化石燃料用地处于生态赤字状态，水域从 2010 年开始处于生态赤字。处于生态盈余的土地有草地、林地、建筑用地和未利用土地，生态盈余最大的是林地，其次是草地，生态盈余最少的是未利用土地。

耕地生态赤字与可持续发展分析：黑水县耕地受地形地势的影响，主要集中在河谷地带。随着经济的发展，耕地的产出虽然有提高，但是不能满足区域内需求的增长。土地一直处于生态赤字状态，而且生态赤字逐年增加(图 12-5)，增速为 0.011675 hm^2。黑水县耕地处于不可持续发展状态，分析其原因，主要有：①黑水县耕地面积有限，黑水县耕地面积少，只有行政面积的 2.5%；②气候环境影响产量，黑水县气候属于高原季风气候，白昼温差较大，降雨不均，海拔不同导致温差变化大，对农作物产量影响大；③农业技术落后，单产量低，黑水县农业人口占大部分，农业的发展主要采用人工劳作，机械化效率不高；④土地使用效率低下，一年一季收成，复合套种面积少；⑤外出务工人员增多，耕地闲置面积增多。总的来说，要实现耕地资源的可持续发展，从提高耕地的承载力层面，一方面要增加农业科技投入，提高耕地的单产效率，另一方面，注重耕地的保护，提高闲置耕地的利用效率，增加粮食产量。从减少生态足迹层面，节约粮食，减少浪费，提倡生态消费。

化石燃料用地生态赤字与可持续发展分析(图 12-6)：黑水县随着经济的发展，化石燃料资源的需求不断增加，但由于缺乏这一资源，消费靠外界补充，因此资源土地处在赤字状态。2008～2012 年，化石燃料用地的生态赤字从 -0.04227 hm^2 增加到了-0.05949 hm^2，处于不可持续发展状态。其原因第一是随着经济发展，化石能源需求量不断增加；第二，资源缺乏，靠外界提供。要实现化石能源用地的可持续发展，首先，发展节能产业和鼓励节能环保炊具在农村和城镇使用，提高化石燃料的使用效率。其次，发展健康能源以代替化石燃料，鼓励农村建立沼气和太阳能，确保农村能源供应。

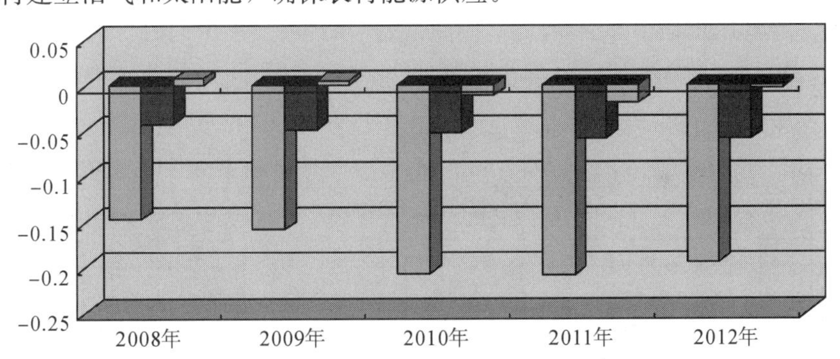

图 12-6 黑水县 2008～2012 年耕地、化石燃料用地及水域生态赤字情况(单位：hm^2)

水域生态赤字与可持续发展分析：水域在 2008～2009 年两年间生态处于盈余状态，盈余量很少，平均每年只有 0.0062385 hm^2。2010～2012 年一直处于生态赤字状态。原因是：①生态环境遭到破坏，影响水资源的流量，鱼类等生物水生物种类减少；②生活污水排入附近河流，河面生活垃圾增多，水体环境遭到破坏，水生物数量减少；③大力发展水电，河流截流、下游干枯，水生态失衡。缓解水域生态赤字，实现水域的可持续发展，首先，要保护好岷江上游的生态环境，提高生态环境水含量；其次，禁止生活污水排入主要河流，保护水环境；最后，合理规划水电开发，减少破坏水电截流的情况，经济发展的同时注重生态平衡。

林地生态盈余与可持续发展分析：黑水县森林资源丰富，森林覆盖率 35%，气候环境合适花椒、核桃等产业的发展。2008～2012 年，林地的生态承载力都很高，生态盈余量最大。黑水县每年大量种植水果，发展生态林业经济。在促进地区发展的同时，保护了环境，提高了林地的生态承载力。

草地生态盈余与可持续发展分析：草地生态盈余仅次于林地，平均每年盈余 0.5557522 hm^2，2009 年盈余 0.625363 hm^2，2011 年盈余最少是 0.496443 hm^2。草地生态盈余出现波动的原因是从 2008 年开始，黑水县加大畜牧养殖的投入，加快了畜牧业的发展，2009 年畜牧产品的产量得以提高；但 2010 年，过度放牧影响了草地生态环境，导致草地生态盈余下降；从 2011 年起，草地开始缓慢恢复。因此要保持草地的可持续发展，必须注重经济发展与环境保护。

建筑用地和未利用土地的生态盈余与可持续发展分析(图 12-7)：建筑用地生态盈余从 2008～2012 年逐年增加，平均每年增加 0.0054848 hm^2，增加幅度不大。由于建筑用地的产量因子和耕地一样，因此，要保持建筑用地的可持续发展，必须提高农业生产力，加快农村经济发展，提倡居民节约水电用量，减少能源浪费。未利用土地生态盈余较少，在加快黑水经济发展的同时，注重开发未利用土地，提高土地利用率，发展优势果林业经济，减少土地浪费，提高未利用土地的生态承载力。

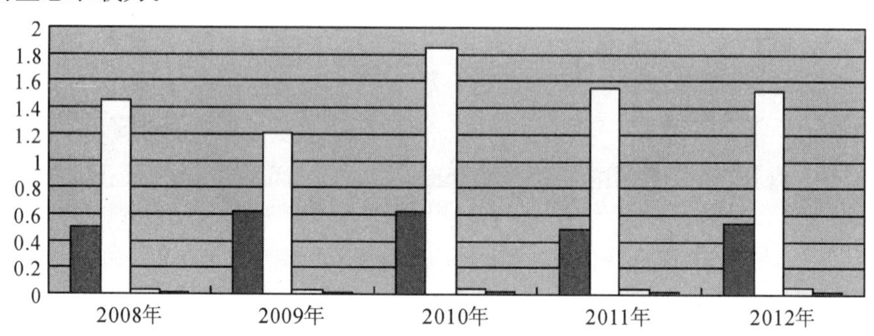

图 12-7 黑水县草地、林地、建筑用地及未利用土地的人均生态盈余情况(单位：hm^2)

12.6 黑水县 2008～2012 年县域经济可持续发展评估

12.6.1 黑水县万元 GDP 生态足迹与资源利用率

人类经济社会的发展，离不开自然资源，一个地区自然资源利用效率的高低，直接影响这一地区经济的发展速度。地区资源利用效率越高表示这一地区生物生产性土地面积的生产潜力越大，资源利用效率的高低通常借助万元 GDP 的生态足迹来衡量。万元 GDP 生态足迹表示每生产一万元的 GDP 所需要生态足迹的多少，因此，在计算万元 GDP 生态足迹时，采用人均总生态足迹除以人均万元 GDP，计算得到的结果为万元 GDP 生态足迹[1]。万元 GDP 生态足迹不仅能反映一个地区资源利用效率与经济发展状态，还能反映人类对自然生态环境的影响。人均万元 GDP 生态足迹越大，人类对环境消费越大，万元 GDP 占用的生态资源越多，资源利用效率越低，经济发展环境越困难。

计算公式：万元 GDP 生态足迹＝人均生态足迹×总人口÷万元 GDP＝总生态足迹÷万元 GDP

根据黑水县 2008～2012 年经济发展统计数据，利用万元 GDP 生态足迹的计算公式，计算出黑水县 2008～2012 年人均万元 GDP 的生态足迹，计算结果如下表 12-10。

表 12-10　黑水县 2008～2012 年人均万元 GDP 生态足迹

	2008 年	2009 年	2010 年	2011 年	2012 年
人均生态足迹/(hm^2/万元)	0.690416	0.838696	0.921788	0.954745	1.143881
GDP/万元	43918	72644	88060	104908	148990
总人口	59607	60455	60730	61118	61737
万元 GDP 生态足迹/(hm^2/GDP)	0.937056025	0.69797	0.635705	0.556222	0.47399

计算结果显示，2008～2012 年黑水县人均万元 GDP 生态足迹不断减少，下降趋势明显。从 2008 年的 0.937056025 hm^2/万元减少到 2012 年的 0.47399 hm^2/万元，平均每年减少 0.1157665 hm^2/万元。随着黑水县生态经济的发展，黑水的资源利用效率将不断提高(图 12-8)。

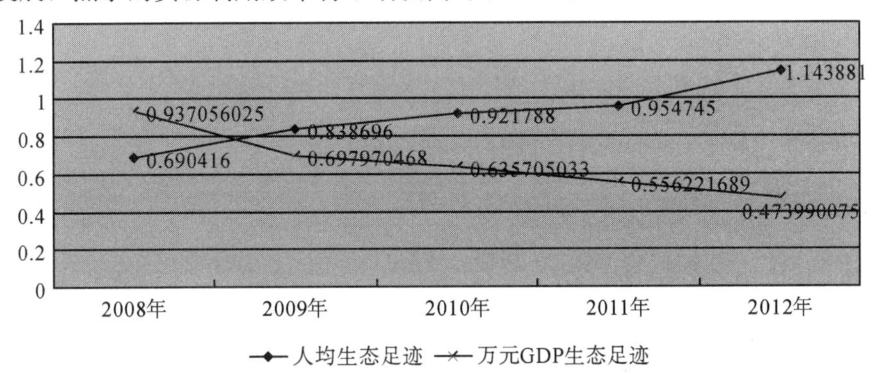

图 12-8　黑水县 2008～2012 年人均生态足迹与人均万元 GDP 生态足迹走势图(单位：hm^2/万元)

[1] 王小丽. 基于生态足迹模型的重庆市可持续发展研究[D]. 重庆：重庆师范大学，2012.

12.6.2 黑水县生态足迹多样性分析

生态足迹多样性有两部分构成，一部分为丰裕度，用来衡量各类生态生产性土地的利用量；一部分为公平度，测量生态足迹的分配合理性。当生态经济系统中生态足迹占比越接近公平，对生态经济系统来说，多样性就越高[1]。生态足迹多样性指数计算公式采用 Shannon-Weaver 公式[2]：

$$H = -\sum_{i=1}^{6} [P_i \ln P_i] \tag{12-8}$$

式中，P_i表示第 i 类生物生产性土地面积的生态足迹占总生态足迹的比例，H 表示生物多样性指数。根据黑水县 2008～2012 年各类土地占总生态足迹的比例，计算出黑水县的生态足迹多样性指数，见下表 12-11。

表 12-11　2008～2012 年各类土地生态足迹多样性指数

土地类型 \ 年份	2008 年	2009 年	2010 年	2011 年	2012 年
耕地	0.33818	0.35714	0.35525	0.35737	0.36635
草地	0.36747	0.35876	0.3624	0.3634	0.36136
林地	0.03874	0.04007	0.04138	0.05072	0.21278
水域	0.06759	0.06759	0.10309	0.12509	0.06797
建筑用地	0.0202	0.01723	0.01685	0.01706	0.01752
化石燃料用地	0.171	0.16718	0.16444	0.17129	0.15375
总计	1.00317	1.00795	1.04342	1.08494	1.17974

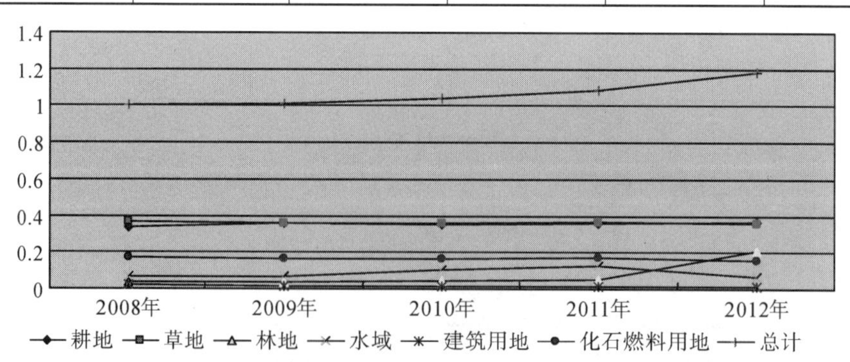

图 12-9　2008～2012 年各类土地生态足迹多样性指数发展趋势

[1] 贺爱红，王亦龙，向党，等. 基于生态足迹的宁夏回族自治区可持续发展评价[J]. 干旱区地理，2013，36(5)：906-912.

[2] Shannon C E, Weave W. The mathematical theory of communication[M]. Urbana: University of Illinos Press, 1949.

生态足迹多样性直接反映地区生态足迹的结构特征，生态足迹多样性指数越高，生态足迹越趋于公平合理分配，生物资源丰裕度越高，对生态经济的发展越好。从图 12-9 中可以看出，黑水县生态足迹多样性指数逐年上升，2008 年生态足迹多样性指数是 1.00317，2012 年上升到了 1.17974。从多样性指数走势分析，黑水在 2008～2012 年消费结构不断趋于均衡，生态资源系统的多样性不断丰富，生态经济系统呈良性健康发展。从局部看，水域的生态足迹多样性有波动，2009 年和 2012 年出现下降，说明水域生态足迹的消费结构不均衡。随着水电产业在黑水县的大力开发，水域经济生态系统的多样性指数将会降低，从而影响水域生态系统平衡。

12.6.3　黑水县生态经济发展能力分析

生态经济系统的发展能力是衡量生态经济系统可持续发展的重要指标，在人类社会发展过程中，生态系统的发展与经济系统的发展存在一定的同质性，在计算生态经济系统的发展能力时，通常使用生态系统的发展能力计算公式，该公式由 Ulanowicz 给出：

$$D = ef \times \left(-\sum_{i=1}^{6}\left[P_i \ln P_i\right]\right) \tag{10-9}$$

式中，D 表示生态系统的发展能力；ef 为人均生态足迹；P_i 为各类土地类型的生态足迹在总生态足迹中的比重。运用上述公式，计算黑水生态系统发展能力，得到的结果见表 12-12。

表 12-12　2008～2012 年黑水县生态系统发展能力

	2008 年	2009 年	2010 年	2011 年	2012 年
人均生态足迹	0.690416	0.838696	0.92179	0.954745	1.14388
生态足迹多样性指标	1.00317	1.00795	1.04342	1.08494	1.17974
生态系统发展能力	0.6926046	0.845364	0.96181	1.035841	1.34948

生态系统的发展能力被用来衡量一个地区社会经济发展的健康状况，从黑水县生态系统的发展能力数据来看，黑水县生态经济发展逐渐良好，发展能力逐渐增强。在生态经济复合系统结构的研究上，该方法又有一定局限，忽略了各个经济系统之间的联系与矛盾，使得经济发展能力与生态足迹多样性之间联系不太直接[1]。为了能反映黑水县经济与生态足迹多样性之间的关系，本书将万元 GDP

[1] 徐中民，张国栋，程国强. 中国 1999 年生态足迹计算与发展能力分析[J]. 应用生态学报，2003，14(2)：280-285.

生态赤字/盈余引入发展能力公式，用万元 GDP 生态赤字/盈余来反映黑水县资源的利用效率，以及黑水社会生态经济的整体效应。万元 GDP 生态赤字/盈余作为生态经济评价参考指标，同时也反映了黑水县生态经济系统中人类活动与自然资源之间需求与供给的能力。通过修正得出黑水生态经济发展能力的模型公式：

$$C = ef \times [(-\sum_{i=1}^{6}[P_i \ln P_i])/A] \tag{10-10}$$

式中，C 表示生态经济的发展能力，A 表示万元 GDP 的生态赤字/盈余。

通过公式修正，计算出黑水县生态经济的发展能力，见表 12-13。

表 12-13　2008～2012 年黑水县生态经济系统的发展能力

	2008 年	2009 年	2010 年	2011 年	2012 年
人均生态足迹	0.690416	0.8387	0.921788	0.954745	1.143881
万元 GDP 生态盈余	2.472929	1.39157	1.556745	1.061732	0.780501
生态足迹多样性指标	1.00317	1.00795	1.04342	1.08494	1.17974
生态经济系统发展能力	0.280075	0.607492	0.617835	0.975615	1.728995

根据表 12-13 的计算结果，黑水县生态经济系统的发展能力逐渐增强，2008 年，黑水县生态经济大发展能力是 0.280075，2009 年，生态经济发展能力快速提高到 0.607492，生态经济发展速度加快，生态资源利用效率提高，各类土地生态足迹占比逐渐趋于公平合理。2010 年，生态经济的发展能力有所提高，但是提高速度明显放慢。2011 年和 2012 年，生态经济的发展能力快速增长，2011 年生态经济系统的发展能力超过了生态系统的发展能力。黑水县人均生态足迹和生态经济发展能力呈正相关关系(图 12-10)。随着生态产业的发展，黑水县生态经济发展能力将逐年提高，各类土地的生态足迹占比将趋于公平合理，生物多样性更加丰裕。

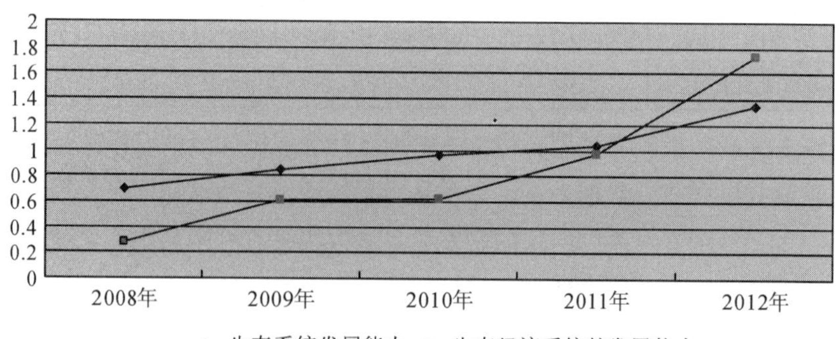

图 12-10　2008～2012 年黑水县生态系统与生态经济系统的发展能力变化趋势

参考文献

阿坝州地方志编委,2008.阿坝州年鉴[M].成都:巴蜀书社.

阿明,1996.珠江成为带动流域经济大动脉[J].科学决策,(5):47.

埃里克·弗鲁博顿,鲁道夫·芮切特,2006.新制度经济学——一个交易费用分析范式[M].姜建强,罗长远,译.上海:上海人民出版社.

艾瑞克·戴维森,2004.生态经济大未来[M].齐立文,译.汕头:汕头大学出版社.

白云升,陈攀江,陈国先,2001.岷江流域水环境综合开发管理对策[J].国土经济,(5):36-38.

柏松,黄成敏,唐亚,2004.岷江上游民族地区生态环境退化与整治研究[J].贵州民族研究,24(1):119-123.

保罗·萨缪尔森,威廉·诺德豪斯,1992.经济学[M].12版.高鸿业,等译.北京:中国发展出版社.

包晓斌,1997.流域生态经济区划的应用研究[J].自然资源,19(5):8-13.

鲍晓健,董少波,2008.探索农村产业集群式发展新思路——怀柔区雁栖镇、渤海镇发展流域经济情况调查[J].前线,(5):45-46.

曹明宏,雷书彦,姜学民,2000.论生态经济良性耦合与湖北农业运作机制创新[J].湖北农业科学,(6):7-9.

曹颖,2005.区域产业布局优化及理论依据分析[J].地理与地理信息科学,21(5):72-74.

陈德昌,2003.生态经济学[M].上海:上海科学技术文献出版社.

陈德铭,2007.全面贯彻落实科学发展观 扎实推进全国主体功能区规划编制工作[J].中国经贸导刊,(13):4-10.

陈东景,2005.黑河流域生态经济系统的演化与启示[J].干旱区资源与环境,19(3):77-82.

陈东景,马安青,徐中民,2002.干旱区流域经济分析的初步研究[J].人文地理,17(5):81-84.

陈栋生,魏后凯,1988.流域经济与立体网络开发——对开发长江流域的思考[J].中国工业经济,(5):15-18,52.

陈国阶,2002.对建设长江上游生态屏障的探讨[J].山地学报,20(5):536-541.

陈丽晖,何大明,1999.澜沧江-湄公河流域整体开发的前景与问题研究[J].地理学报,(s1):55-64.

陈利顶,陆中臣,1992.流域生态经济管理及其指标体系的探讨[J].生态经济,(6):16-22.

陈文年,吴宁,罗鹏,2002.岷江上游地区的草地资源与畜牧业发展[J].长江流域资源与环境,11(5):446-450.

陈湘满,2000.美国田纳西流域开发及其对我国流域经济发展的启示[J].世界地理研究,(2):87-92.

陈湘满,2002.论流域开发管理中的区域利益协调[J].经济地理,22(5):525-528.
陈湘满,2003.我国流域开发管理的目标模式与体制创新[J].湘潭大学社会科学学报,(1):101-104.
陈晓景,董黎光,2006.流域立法新探[J].郑州大学学报,39(3):61-65.
陈兴鹏,戴芹,2002.系统动力学在甘肃省河西地区水土资源承载力中的应用[J].干旱区地理,25(4):377-382.
陈秀山,孙久文,2005.中国区域经济问题研究[M].北京:商务印书馆.
陈秀山,张可云,2005.区域经济理论[M].北京:商务印书馆.
陈兆开,施国庆,毛春梅,等,2007.西部流域源头生态补偿问题研究[J].软科学,21(6): 90-93.
陈震冰,2008.松花江流域水资源可持续利用的经济分析[D].哈尔滨:东北林业大学.
程必定,2005.区域经济学[M].合肥:安徽人民出版社.
程国栋,2002.黑河流域可持续发展的生态经济学研究[J].冰川冻土,24(4):335-343.
程宇航,2009.论构建现代生态产业体系[J].中国井冈山干部学院学报, 2(6):80-86.
程占红,张金屯,2001.生态旅游的兴起和研究进展[J].经济地理,21(1):110-114.
储蓓蓓,2008.太湖流域经济增长与环境污染水平的关系研究[J].环境科学与管理, 33(7):51-54.
崔功豪,2006.区域规划与分析[M].北京:高等教育出版社.
代明,覃剑,2009.西江流域经济发展不平衡测度与分析[J].地域研究与开发,28(2):11-14.
戴锦,2004.产业生态化理论与政策研究[D].大连:东北财经大学.
戴全厚,喻理飞,喻定芳,等,2008.东北低山丘陵区小流域生态经济系统优化模式研究——以黑牛河流域为例[J].水土保持研究,15(4):37-42.
邓宏兵,2000.长江流域空间经济系统形成的要素分析[J].生态经济,(8):22-24.
邓玲,张红伟,2002.中国七大经济区产业结构研究.[M].成都:四川大学出版社.
邓玲,2002.长江上游经济带建设与推进西部大开发[J].贵州社会科学研究,(6):40-44.
邓玲,2002.长江上游经济带建设中存在的区域性问题及对策研究[J].管理世界,(1):148-149.
邓玲,2002.论长江上游生态屏障及其建设体系[J].经济学家,6(6):80-84.
邓玲,2007.国土开发与城镇建设[M].成都:四川大学出版社.
丁瑶,尹虹潘,易小光,2008.长江上游地区经济一体化的模式选择与路径探析[J].中国物价,(9):51-53.
东江流域综合治理开发课题组,1993.广东省东江流域资源、环境与经济发展[M].广州:广东人民出版社.
杜肯堂,戴士根,2004.区域经济管理学[M].北京:高等教育出版社.
杜黎明,2008.推进形成主体功能区的区域政策研究[J].西南民族大学学报,29(6):241-244.
段巧甫,1994.小流域经济学[M].哈尔滨:哈尔滨出版社.
段跃庆,侯新华,2008.实现怒江流域经济社会“二次跨越”的战略构想[J].人民长江,39(13):14-16.

樊福才,2008.黄河流域城市经济空间分异与发展研究[D].开封:河南大学.

方创琳,2002.黑河流域生态经济带分异协调规律与耦合发展模式[J].生态学报,22(5):699-708.

费朗索瓦·佩鲁.增长极概念[J].经济学译丛,1988,(9):67-72.

冯尚友,2000.水资源持续利用与管理导论[M].北京:科学出版社.

付晓东,胡铁成,2005.区域融资与投资环境评价[M].北京:商务印书馆.

傅绥宁,吴积善,姚寿福,1995.西江流域经济开发与环境整治几个重大问题研究[M].北京:科学出版社.

傅湘莉,胡娜妮,2009.湘江流域经济与环保协调发展之路[J].中国园艺文摘,25(2):7-9.

高鸿业,2004.西方经济学(微观部分)[M].北京:中国人民大学出版社.

高金龙,2005.流域生态效益补偿与循环经济理念的创新思考——来自江西省东江源头区域生态环境保护和建设的启示[J].江西社会科学,(10):143-146.

葛新权,等,1999.知识经济与可持续发展[M].北京:社会科学文献出版社.

葛颜祥,梁丽娟,王蓓蓓,等,2009.黄河流域居民生态补偿意愿及支付水平分析——以山东省为例[J].中国农村经济,(10):77-85.

辜胜阻,杨艳琳,1998.论长江流域资源、产业与航运的协调发展[J].长江论坛,(1):15-18.

郭满才,王继军,彭珂珊,等,2005.纸坊沟流域生态经济系统演变阶段及驱动力初探[J].水土保持研究,12(4):245-246.

郭培章,宋群,2001.中外流域综合治理开发案例分析[M].北京:中国计划出版社.

韩渝辉,2005.长江上游经济高地建设的区域空间战略取向[J].重庆工商大学学报(西部经济论坛),15(1):25-27.

何锦峰,樊宏,叶延琼,2002.岷江上游生态重建的模式[J].生态经济,(3):35-37.

何侍昌,2009.对小石溪流域生态经济发展的思考[J].湖南农机,36(3):100-103.

贺爱红,王亦龙,向党,等,2013.基于生态足迹的宁夏回族自治区可持续发展评价[J].干旱区地理,36(5):906-912.

贺晓春,胡旭,2006.开发岷江黄金水道促进四川经济发展[J].中国水运,(7):38-39..

侯景新,尹卫红,2005.区域经济分析方法[M].北京:商务印书馆.

胡宝清,严志强,廖赤眉,等,2005.区域生态经济学理论、方法与实践[M].北京:中国环境科学出版社.

胡碧玉,段立波,宋小军,2005.流域经济的作用初探[J].西华师范大学学报(社科版),(3):101-103.

胡碧玉,2004.流域经济宏观运行机制探讨[J].生产力研究,(9):20-22.

胡碧玉,2005.流域经济非均衡协调发展制度创新研究[M].成都:四川人民出版社.

胡彬,2006.长江流域板块结构分异的制度成因与区域空间结构的重组[J].中国工业经济,(6):60-67.

胡增绍,金翼,1991.嫩江流域经济结构[M].哈尔滨:哈尔滨船舶工程学院出版社.

花蕾，2005. 长江上游经济带产业布局一体化研究[D]. 西安：长安大学.

华民，王蔚静，1997. 区域经济是长江流域经济发展的基本模式[C]. 长江流域经济文化初探.

黄丹，王益谦，2006. 小流域生态经济的实践与探索[J]. 四川环境，25(6)：110-112.

黄光宇，陈勇，2003. 生态城市理论与规划设计方法[M]. 北京：科学出版社.

黄杰彦，牟永红，2007. 广西左江流域生态经济环境特征及其开发策略[J]. 沿海企业与科技，(3)：124-126.

黄敬林，2003. 发展蚌埠经济带动淮河流域经济发展[C]. 第二届淮河文化研讨会.

黄九渊，1999. 一个全新的角度：流域生态经济[J]. 环境，(5)：10-11.

黄九渊，2001. 再论流域生态经济战略[J]. 开放导报，(11)：37-38.

黄少军，2000. 服务业与经济增长[M]. 北京：经济科学出版社.

黄涛. 建立生态技术范式是对传统的超越[N]. 中国环境报，2009-09-30.

黄晓荣，梁川，邹用民，2003. 黄河水资源可持续利用激励机制的研究[J]. 地域研究与开发，22(3)：59-62.

江涛，2004. 流域生态经济系统可持续发展机理研究[D]. 武汉：武汉理工大学.

江西省社科院论文组，2008. 鄱阳湖生态经济区建设——欠发达地区经济生态化与生态经济化模式的探索[J]. 江西社会科学，(8).

蒋得江，2009. 皇水流域生态经济之我见[J]. 经济研究导刊，(28)：123-125.

蒋依依，王仰麟，卜心国，等，2005. 国内外生态足迹模型应用的回顾与展望[J]. 地理科学进展，24(2)：13-23.

焦国栋，2009. 流域生态补偿公共经济政策研究——基于对山东省流域生态补偿的调查分析[D]. 济南：山东大学.

柯礼聃，2001. 建立新型的黄河流域管理体制[J]. 中国水利，(4)：14-16.

黎树式，陆来仙，2009. 基于DPS的右江流域乡镇尺度生态经济区划探讨——以右江流域典型区域为例[J]. 生态经济：学术版，(2)：39-42.

李斌，董锁成，李雪，2009. 四川省生态经济区划研究[J]. 四川农业大学学报，27(3)：302-308.

李诚固，李培祥，2003. 东北地区产业结构调整与升级的趋势及对策研究[J]. 地理科学，4(1)：7-12.

李殿魁，1994. 加快黄河三角洲开发带动黄河流域振兴[J]. 人民黄河，(4)：57-59.

李东和，张结魁，1999. 论生态旅游的兴起及其概念实质[J]. 地理学与国土研究，15(2)：75-79.

李宏，2006. 生态足迹理论及其应用研究[D]. 兰州：兰州大学.

李虎杰，2001. 岷江上游生态环境建设与经济可持续发展[J]. 四川环境，20(4)：51-52.

李吉玫，徐海量，宋郁东，等，2007. 伊犁河流域水资源承载力的综合评价[J]. 干旱区资源与环境，21(3)：39-43.

李江帆，2005. 中国第三产业发展研究[M]. 北京：人民出版社.

李锦，2007. 岷江上游城镇的成长性因素分析[J]. 阿坝师范高等专科学校学报，24(1)：31-34.

李景国，2007. 重庆三峡库区生态经济区农业和农村经济状况评价[J]. 安徽农业科学，35(26)：

8390-8392.

李炬,1995.黄河流域生态经济发展的条件现状与趋势[J].地域研究与开发,14(2):38-41.

李俊,唐芳,胡碧玉,2004.流域经济开发视野中的问题探讨[J].生态经济,(12):53-55.

李兰海,1994.广西红水河流域生态经济环境特征及其区域开发[J].生态经济,(1):34-37.

李敏纳,2008.国内流域经济研究述评[J].湖北社会科学,(7):97-100.

李敏纳,2009.黄河流域经济空间分异研究[D].开封:河南大学.

李群,1990.试论有序化开发湘江流域经济与对策[J].经济地理,(3):35-41.

李善同,华而诚,2002.21世纪初的中国服务业[M].北京:经济科学出版社.

李绍明,李锦,2001.长江上游民族地区生态经济系统[J].广西民族研究,(3):74-81.

李树,2002.我国发展生态工业的策略[J].生态经济,(12):60-62.

李伟,2006.长江上游生态屏障建设的经济学分析[D].成都:四川大学.

李文东,2009.以循环经济理念推动成渝经济区生态产业体系的建立[J].软科学,23(4):87-91.

李文华,陈永孝,1988.流域开发与管理——美国田纳西河流域与中国乌江流域对比[M].贵阳:贵州人民出版社.

李小琳,2007.岷江上游的区域特点与经济发展[J].阿坝师范高等专科学校学报,24(1):35-37.

李晓冰,2009.关于建立我国金沙江流域生态补偿机制的思考[J].云南财经大学学报,12(2):132-138.

李艳波,2008.全球化背景下生态物流的实现形式及其相互关系[J].工业技术经济,27(1):92-96.

李元生,1995.打通红河出口,振兴流域经济[J].珠江水运,(5):17.

李征,2009.黄河流域主体功能区划研究[D].开封:河南大学.

厉以宁,2000.区域发展新思路[M].北京:经济日报出版社.

梁山,赵金龙,葛文光,2002.生态经济学[M].北京:中国物价出版社.

梁钊,陈甲,1997.珠江流域经济社会发展概论[M].广州:广东人民出版社.

廖卫东,2004.生态领域产权市场制度研究[M].北京:经济管理出版社.

林卿,2002.可持续农业经济发展论[M].北京:中国环境科学出版社.

蔺海明,颉鹏,2004.甘肃省河西绿洲农业区生态足迹动态研究[J].应用生态学报,15(5):827-832.

刘斌,王勇泽,2009.水资源承载力量化方法研究进展与展望[J].科技信息,(5):204-205.

刘冬梅,2007.可持续经济发展理论框架下的生态足迹研究[M].北京:中国环境科学出版社.

刘芬,2008.黄河流域人口空间分异研究[D].郑州:河南大学.

刘功臣,2008.金沙江水电开发需进一步兼顾流域经济发展[J].中国海事,(3).

刘桂云,2006.生态经济学[M].北京:化学工业出版社.

刘明珍,郑志国,2005.构建循环经济的产业体系[J].学习论坛,21(5):15-17.

刘盛佳,1999.长江流域经济发展和上、中、下游比较研究[M].武汉:华中师范大学出版社.

刘世庆,2003.长江上游经济带西部大开发战略与政策研究[M].成都:四川科学技术出版社.

刘思华，1989. 理论生态经济学若干问题研究[M]. 南宁：广西人民出版社.

刘思华，2006. 生态马克思主义经济学原理[M]. 北京：人民出版社.

刘思华，2007. 可持续经济文集[M]. 北京：中国财政经济出版社.

刘卫国，章振东，2009. 试论西宁河湿地资源保护对江西省鄱阳湖生态经济区建设的意义[J]. 科技广场，(8)：103-104.

刘毅，1996. 长江产业带能源资源合理开发与能源供需解决途径[J]. 地理研究，15(2)：12-20.

刘兆德，虞孝感，谢红彬，2002. 20 世纪 90 年代长江流域经济发展过程分析[J]. 长江流域资源与环境，11(6)：494-499.

刘兆德，虞孝感，2006. 长江流域新世纪可持续发展的重大问题[J]. 经济地理，26(2)：304-307.

刘忠伟，王仰麟，陈忠晓，2001. 景观生态学与生态旅游规划管理[J]. 地理研究，20(2)：206-212.

卢云亭，1996. 生态旅游与可持续旅游发展[J]. 经济地理，16(1)：106-112.

鲁明中，王沅，张彭年，等，1992. 生态经济学概论[M]. 乌鲁木齐：新疆科技卫生出版社.

陆大道，1987. 我国区域开发的宏观战略[J]. 地理学报，(2)：97-105.

吕弼顺，贾琦，李春景，等，2009. 基于三角模型的图们江流域经济可持续发展分析[J]. 延边大学学报(自然科学版)，35(3)：274-278.

宋建军，刘颖秋，2009. 京冀间流域生态环境补偿机制研究[J]. 宏观经济研究，(9)，41-46.

罗怀良，2005. 岷江上游地区旅游资源开发与旅游业发展[J]. 资源开发与市场，21(4)：364-366.

罗仲平，2007. 西部地区县域经济增长点培育研究[D]. 成都：四川大学.

马传栋，1986. 生态经济学[M]. 济南：山东人民出版社.

马传栋，1995. 资源生态经济学[M]. 济南：山东人民出版社.

马芳芳，2009. 黄河流域经济空间开发模式效率分析[J]. 产业与科技论坛，8(1)：69-70.

马克思，1975. 资本论[M]. 北京：人民出版社.

马兰，张曦，李雪松，2003. 论流域经济可持续发展[J]. 云南环境科学，22(增刊 3)：42-45.

马世骏，王如松，1993. 复杂性研究[M]. 北京：科学出版社.

马世骏，1991. 高技术新技术农业应用研究[M]. 北京：中国科学技术出版社.

马永欢，周立华，杨根生，等，2009. 石羊河流域生态经济系统的主要问题与协调发展对策[J]. 干旱区资源与环境，23(4)：14-20.

马勇，黄猛，2005. 长江经济带开发对中部崛起的影响与对策[J]. 经济地理，25(3)：298-301.

孟国才，王士革，谢洪，等. 2005. 岷江上游生态农业建设与可持续发展研究[J]. 中国农学通报，21(5)：372-375.

苗泽华，2002. 对工业生态系统及其工业企业生态规划的研究[J]. 石家庄经济学院学报，25(1)：44-47.

聂华林，高新才，杨建国，2006. 发展生态经济学导论[M]. 北京：中国社会科学出版社.

牛亚菲，1999. 可持续旅游，生态旅游及实施方案[J]. 地理研究，18(2)：179-184.

欧名豪，宗臻铃，董元华，等，2000. 区域生态重建的经济补偿办法探讨——以长江上游地区为例[J]. 南京农业大学学报，23(4)：109-112.

潘江,2002.中国的世界自然遗产的地质地貌特征[M].北京:地质出版社.

彭荣胜,覃成林,2009.新形势下黄河流域经济空间开发存在的问题与对策[J].经济纵横,(8):117-119.

蒲卫晖,2008.一种建基于循环经济与生态经济关系的流域经济发展模式——兼论黑河流域生态经济发展示范区的建设[J].生产力研究,(17):67-68.

齐民,2002.清江流域经济发展研究[M].武汉:华中科技大学出版社.

秦立公,2006.西南地区现代服务业发展策略研究[J].改革与战略,(9):31-33.

秦丽云,2001.淮河流域水资源可持续开发利用与环境经济的研究[D].南京:河海大学.

全俄经济区域委员会,1961.苏联经济区划问题[M].北京:商务印书馆.

冉光和,徐继龙,于法稳,2009.政府主导型的长江流域生态补偿机制研究[J].生态经济(学术版),(2):372-374.

冉瑞平,2003.长江上游地区环境与经济协调发展研究[D].成都:西南农业大学.

沈晗耀,2007.长江流域经济一体化战略献议[J].上海经济,(11):40-41.

沈满洪,2005.绿色制度创新论[M].北京:中国环境科学出版社.

沈满洪,2008.生态经济学[M].北京:中国环境科学出版社.

师学义,王万茂,刘伟玮,2013.山西省生态足迹及其动态变化研究[J].资源与产业,15(3):93-99.

施岳群,1995.长江流域经济发展报告[M].上海:复旦大学出版社.

石月珍,赵洪杰,2005.生态承载力定量评价方法的研究进展[J].人民黄河,27(3):6-8.

宋先超,2008.长江上游民族地区生态环境与经济协调发展研究[D].重庆:重庆大学.

孙富行,郑垂勇,2006.水资源承载力研究思路和方法[J].人民长江,(2):33-36.

孙富行,2006.水资源承载力分析与应用[D].南京:河海大学.

孙久文,1999.中国区域经济实证研究——结构转变与发展战略[M].北京:中国轻工业出版社.

孙久文,2005.区域经济规划[M].北京:商务印书馆.

孙开,杨晓萌,2009.流域水环境生态补偿的财政思考与对策[J].财政研究,(9):29-33.

孙孝文,2009.长江流域产业结构分析与思考[J].西北农林科技大学学报(社会科学版),(4).

唐建荣,2005.生态经济学[M].北京:化学工业出版社.

田静,2004.岷江上游生态脆弱性及演变研究[D].成都:四川大学.

童小平,2007.重庆向长江上游经济中心转型[J].港口经济,(4):16-17.

万伦来,胡志华,余晓钰,2009.淮河流域产业结构调整战略研究[J].安徽科技,(11):42-44.

万伦来,朱骏锋,沈典妹,2009.淮河流域经济增长与生态环境质量变化的关系——来自1998—2007年安徽淮河流域的经验[J].地域研究与开发,25(8):125-128.

王冠贤,魏清泉,蔡小波,2003.20世纪90年代珠三角经济区空间分异的特征分析[J].经济地理,23(1):18-22.

王国梁,党小虎,刘国彬,2009.黄土丘陵区县南沟流域生态恢复的生态经济耦合评价[J].西北农林科技大学学报(自然版),37(2):187-193.

王国庆，王云璋，史忠海，等，2001. 黄河流域水资源未来变化趋势分析[J]. 地理科学，21(5)：396-400.

王海英，董锁成，尤飞，2003. 黄河沿岸地带水资源约束下的产业结构优化与调整研究[J]. 中国人口资源与环境，13(2)：79-83.

王合生，崔树强，1999. 长江经济带跨世纪发展的定位与思路[J]. 经济地理，(4)：47-51.

王合生，李昌峰，2000. 长江沿江区域空间结构系统调控研究[J]. 长江流域资源与环境，9(3)：269-276.

王合生，虞孝感，1997. 长江沿江地区发展差异及对策[J]. 经济地理，(3)：76-81.

王洪梅，彭林，2008. 岷江上游水电开发不同阶段所引发问题的综合分析[J]. 长江流域资源与环境，17(3)：475-479.

王继军，权松安，谢永生，等，2005. 流域生态经济系统建设模式研究[J]. 生态经济，(10)：136-140.

王继军，2008. 黄土丘陵区纸坊沟流域农业生态经济安全评价[J]. 中国水土保持科学，6(4)：109-113.

王金娜，王芳，2009. 生态旅游——旅游业的可持续发展之路[J]. 安徽农业科学，30(20)：9791-9792.

王金南，2006. 生态补偿机制与政策设计[M]. 北京：中国环境科学出版社.

王礼先，高甲荣，谢宝元，等，1999. 密云水库集水区生态经济分区研究[J]. 水土保持通报，19(2)：1-6.

王泠一. “黄金水道”催生“流域经济”[N]. 解放日报，2006-01-23.

王渺林，郭丽娟，高攀宇，2006. 岷江流域水资源安全及适应对策[J]. 重庆交通学院学报，25(4)：138-142.

王如松，2000. 论复合生态系统与生态示范区[J]. 科技导报，18(6)：6-9.

王如松，2000. 转型期城市生态学前沿研究进展[J]. 生态学报，20(5)：830-840.

王寿兵，吴峰，刘晶茹，2006. 产业生态学[M]. 北京：化学工业出版社.

王书华，2008. 区域生态经济学理论、方法与实践[M]. 北京：中国发展出版社.

王松霈. 生态经济学[M]. 2001. 西安：陕西人民教育出版社.

王万茂，李俊梅，2001. 规划持续性的生态足迹分析法[J]. 国土经济，(6)：16-18.

王文波，2006. 三峡库区生态产业体系建设研究[D]. 重庆：重庆师范大学.

王锡桐，2003. 建设长江上游生态屏障对策研究[M]. 北京：中国农业出版社.

王小丽，2012. 基于生态足迹模型的重庆市可持续发展研究[D]. 重庆：重庆师范大学.

王言峰，马芳芳，2008. 基于 GIS 空间分析法的黄河流域经济发展差异[J]. 西安财经学院学报，21(2)：23-26.

王昱，2009. 区域生态补偿的基础理论与实践问题研究[D]. 长春：东北师范大学.

王兆君，2001. 林业生态体系和林业产业体系协同运行的思考[J]. 林业经济，(1)：40-45.

魏锋，曹中，2007. 我国服务业发展与经济增长的因果关系研究——基于东、中、西部面板数据的实证研究[J]. 统计研究,24(2):44-46.

魏晓婕,杨德刚,吴得文,2009. 塔里木河流域产业结构经济效益比较研究[J]. 干旱区地理,32(4):631-637.

温强洲,温啸,2005. 合理长江建桥,促进流域经济发展[C]. 长江上游经济发展与长江流域经济合作学术研讨会论文集.

吴楚材,吴章文,郑群明,等,2007. 生态旅游概念的研究[J]. 旅游学刊,22(1):67-71.

吴良镛,2001. 人居环境科学导论[M]. 北京:中国建筑工业出版社.

吴宁,刘照光. 1998. 青藏高原东部亚高山森林草甸植被地理格局的成因探讨[J]. 应用与环境生物学报,4(3):290-297.

吴相利,2000. 河流系统功能与流域经济的空间组织模式剖析[J]. 绥化师专学报,20(1):14-17.

吴晓燕,2005. 嘉陵江流域生态经济建设的对策探讨[J]. 科学·经济·社会,(1):29-34.

相震,2006. 城市环境复合承载力研究[D]. 南京:南京理工大学.

辛文,2002. 建设长江上游生态屏障的思考和建议[J]. 四川省情,(2):15-16.

徐承红,张佳宝,2008. 论构建四川省生态产业体系[J]. 经济体制改革,(1):146-150.

徐国第,1999. 21世纪长江经济带综合开发[M]. 北京:中国计划出版社.

徐锐,王蕾,王超,2006. 黑龙江省西部沙地生态产业建设探讨[J]. 学术交流,(1):113-116.

徐新清,崔会保,2005. 我国生态物流系统中存在的问题及对策[J]. 山东理工大学学报(社会科学版),21(3): 15-17.

徐有芳,1998. 面向21世纪的中国林业建设[M]. 北京:人民出版社.

徐中民,张国栋,程国强,2003. 中国1999年生态足迹计算与发展能力分析[J]. 应用生态学报,14(2):280-285.

徐中民,张志强,程国栋,2003. 生态经济学理论方法与应用[M]. 郑州:黄河水利出版社.

许涤新,1987. 生态经济学[M]. 杭州:浙江人民出版社.

许洁,2004. 国外流域开发模式与江苏沿江开发战略(模式)研究[D]. 南京:东南大学.

许志焱,季建华,2005. 城市生态物流建设若干问题及对策研究[J]. 科技进步与对策,(1):33-35.

晏磊,2009. 鄱阳湖区域生态经济发展探析[J]. 求实,(2):49-51.

杨承训,杨庆安,庄景林,等,1995. 黄河流域经济[M]. 郑州:河南人民出版社.

杨公朴,夏大慰,1998. 产业经济学教程[M]. 上海:上海财经大学出版社.

杨建辉,潘虹,2006. 浅谈我国生态物流的效益分析[J]. 特区经济,210(7):349-350.

杨建新,王如松,1998. 产业生态学基本理论探讨[J]. 城市环境与城市生态,11(2):56-60.

杨筠,2007. 生态建设与区域经济发展研究[M]. 成都:西南财经大学出版社.

杨朋,宋述军,2007. 岷江流域地表水水质的模糊综合评价[J]. 资源开发与市场,23(2):238-241.

杨顺湘,2007. 论区域合作助推长江上游经济中心构建[J]. 西南大学学报(社会科学版),33(5):177-182.

杨文举,孙海宁,2002. 发展生态工业探析[J]. 生态经济,(31):56-59.

杨玉珍,1990.区域·经济域·辐射域——黄河流域经济发展断想[J].经济地理,(3):27-29.

杨志峰,徐俏,何孟常,2002.城市生态敏感性分析[J].中国环境科学,22(4):360-364.

姚河,邹斌,2001.关于构建丹江流域生态经济圈的思考[J].经济师,(2):74-74.

姚建,丁晶,艾南山,2004.岷江上游生态脆弱性评价研究[J].长江流域资源与环境,(1):380-383.

姚建,2004.岷江上游生态脆弱性分析及评价[D].成都:四川大学.

叶延琼,陈国阶,樊宏,2002.岷江上游退耕还林的思考[J].生态经济,(1):25-27.

叶裕民,2000.中国区域开发论[M].北京:中国轻工业出版社.

尹国康,2002.黄河流域环境对水资源开发承受力的思考[J].地理学报,57(2):224-231.

于琳,2006.新疆绿洲生态经济系统可持续发展研究[D].重庆:西南大学.

余东勤,茹继田,1995.流域经济基本特征的探讨[J].映西水利发电,11(3):62-64.

余沛荣,夏桂初,邱建庄,1992.试论新形势下梧州在流域经济中的新任务[J].改革与战略,(1):11-15.

虞孝感,陈雯,1996.长江产业带建设的综合研究[J].中国软科学,(5):60-64.

虞孝感,2004.长江产业带的建设与发展研究[M].北京:科学出版社.

虞震,2007.我国产业生态化路径研究[D].上海:上海社会科学院.

袁本朴,2001.长江上游民族地区生态经济研究[M].成都:四川人民出版社.

岳健,穆桂金,杨发相,2005.关于流域问题的讨论[J].干旱区地理,28(6):775-780.

曾光明,焦胜,2006.城市生态规划中的不确定性分析[J].湖南大学学报(自科版),33(1):102-105.

张道军,等,2001 流域生态环境可持续发展[M].郑州:黄河水利出版社.

张敦富,1999.区域经济学原理[M].北京:中国轻工业出版社.

张敦富,2001.区域经济开发研究[M].北京:中国轻工业部出版社.

张复明,仪庆林,徐保根,等,1999.黄河经济协作区联合与发展的战略构想[J].中国软科学,(9):60-63.

张辉,2002.旅游经济论[M].北京:旅游教育出版社.

张可云,2005,区域经济政策[M].北京:商务印书馆.

张鹏,贺荣伟,1997.长江经济带城市群建设与流域经济发展研究[C].长江流域经济文化初探.

张绍震,1987.联合开发长江,振兴流域经济[J].生产力研究,(1):45-46.

张思平,1987.流域经济学[M].武汉:湖北人民出版社.

张涛,童志云,2008.云南发展流域经济的 SWOT 分析[J].经营管理者,(11):72-77.

张彤,2006.论流域经济发展[D].成都:四川大学.

张卫东,赵德进,闫赤,2009.松花江梯级开发对促进流域经济发展探讨[J].黑龙江科技信息,(8):230-230.

张炜,2003.长江上游生态经济发展研究——关于长江上游生态建设制度创新思考[J].国土经济,(7):4-7.

张文合,1991. 流域经济区划的理论与方法[J]. 天府新论,(6):28-34.

张文合,1992. 国外流域开发问题的探讨[J]. 开发研究,(6):45-49.

张文合,1994. 流域开发论——兼论黄河流域综合开发与治理战略[M]. 北京:水利电力出版社.

张衔,吴海贤,衣晓君,2009. 地质风险与产业空间布局——以汶川大地震为例[J]. 经济理论与经济管理,(9): 51-55.

张兴春,刘国星,2002. 关于长白山次生林区林业生态体系和林业产业体系建设的探讨[J]. 农业与技术,22(6):26-30.

张雪梅,2009. 中国西北地区产业生态化的发展路径研究[D]. 兰州:兰州大学.

张延毅,董观志,1997. 生态旅游及其可持续发展对策[J]. 经济地理,17(2):108-112.

张珠圣,2005. 新型工业化道路的战略选择——生态工业[J]. 社会观察,(10):5-7.

赵兵,2008. 资源承载力研究进展及发展趋势[J]. 西安财经学院学报,21(3):114-118.

赵兵,2009. 基于 GIS 技术的汶川县生态规划及灾后重建研究[J]. 统计与信息论坛,24(4):48-52.

赵桂慎,于法稳,尚杰,2009. 生态经济学[M]. 北京:化学工业出版社.

赵曦,2003. 长江上游地区经济开发的制约因素与战略思路[J]. 重庆大学学报(社会科学版),9(2):1-4.

赵学平,2007. 潮河流域生态经济系统评价研究[D]. 杨凌:西北农林科技大学.

郑军南,2006. 生态足迹理论在区域可持续发展评价中的应用——以浙江省为例[D]. 杭州:浙江大学.

中华人民共和国国民经济和社会发展第十一个五年规划纲要[R]. 十届全国人大四次会议,2006-03-14.

钟钢,1997. 从世界大河流域开发实践构想长江开发模式[J]. 长江流域资源与环境,(2):122-126.

周赤,1991. 小流域生态经济类型区的划分[J]. 海河水利,(6):16-20.

周二黑,2007. 黄河流域经济空间分异规律研究[D]. 开封:河南大学.

周立华,樊胜岳,王涛,2005. 黑河流域生态经济系统分析与耦合发展模式[J]. 干旱区资源与环境,19(5):67-72.

周立华,王涛,樊胜岳,2005. 内陆河流域的生态经济问题与协调发展模式——以黑河流域为例[J]. 中国软科学,(1):114-119.

周麟,谢洪,王道杰,等,2004. 泥石流流域生态经济分区及关键调控措施——以岷江上游干旱河谷区龙洞沟为例[J]. 山地学报,22(6):687-692.

周婷,邓玲,2007. 长江上游经济带与生态屏障共建的融资体系[J]. 贵州社会科学研究,207(3):137-139.

周婷,2008. 长江上游经济带与生态屏障共建研究[M]. 北京:经济科学出版社.

周文宗,刘金娥,左平,等,2005. 生态产业与产业生态学[M]. 北京:化学工业出版社.

周绪纶,2003. 叠溪地震的今昔——为建立叠溪地质公园进言[J]. 四川地质学报,23(3):

188-192.

周中林,2008. 长江上游大九寨环线旅游业循环经济模式研究[J]. 商场现代化,(9):192-193.

朱桂香,1994. 树立黄河流域生态经济协调发展战略观[J]. 地域研究与开发,13(4):25-17.

朱永华,任立夏,夏军,2005. 海河流域与水相关的生态环境承载力研究[J]. 兰州大学学报,41(4):11-15.

宗福生,魏德胜,李庆会,等,2003. 黑河流域中游地区生态环境与林业产业体系建设[J]. 干旱区资源与环境,17(5):103-108.

Herman E D,Joshua F,2007. 生态经济学原理与应用[M]. 徐中民,张志强,钟方雷,等,译. 郑州:黄河水利出版社.

Aadersson J O,Lindroth M,2001. Ecologically unsustainable trade[J]. Ecological Economics,37(1):113-122.

Berg H,Michelsen P,Troell M,et al,1996. Managing aquaculture for sustainability in tropical Lake Kariba,Zimbabwe[J]. Ecological Economics,18(2):141-159.

Roth E,Rosenthal H,Burbridge P,2000. A discussion of the use of the sustainability index:'ecological footprint'for aquaculture production[J]. Aquatic Living Resource,13(6):461-469.

Costanza R,1989. What is ecological economics[J]. Ecological Economics,1(1):1-7.

Rogers D S,Tibben-Lem-bke R S,1999. Going backwards: reverse logistics trends and practices [M]. University of Nevada,Reno,Center for Logistics Managements.

Gerbens-Leenes P W, Nonhebel S, Ivens W P M F, 2002. A method to determine land requirements relating to food consumption patterns [J]. Agriculture,Ecosystems and Environment,90(1):47-58.

Li J M, Meng Q X,2006. Operating modes and tac-tics of cycle-logistics under sustainable development [J]. Journal of Wuhan University of Technology,28(12):126-129.

Martinez-Alier J,Munda G,O'Neill J,2001. Theories and methods in ecological economics:a tentative classification[J]. Economics&Phicosophy.

Cleveland C,Stem D I,Constanza R,et al,2001. The economics of nature and the nature of economics[M]. Cheltenham: EdwardElgar,1505-1507.

Srinivasan M,Sheng P,1999. Feature-based process plan-ning for environmentally conscious machining micro planning [J]. Robotics and Computer Integrated Manufacturing,15(3): 257-270.

Shannon C E,Weave W,1949. The mathematical theory of communication[M]. Urbana: University of Illinos Press.

Wu N. 1997. Indigenous knowledge and sustainable approaches for biodiversity maintenance in nomadic society Experiences from Eastern Tibetan Plateau[J]. Die Erde,128(1):67-80.

Wackernagel M,Onisto L,Bello P,et al,1997. Ecological footprints of nations[M]. Commissioned by the Earth Council for the Rio+5 Forum. International Council for Local Environment Initiatives.

Wackernagel M, Onisto L, Bello P, et al, 1999. National natural capital accounting with the ecological footprint concept[J]. Ecological Economics, 29(3): 375-390.

Warren-Rhodes K, Koening A, 2001. Ecosystem appropriation by Hong Kong and its implications for sustainable development[J]. Ecological Economics, 39(3): 347-359.

Wackernagel M, Onisto L, Calejas L A, et al, 1997. Ecological footprints of nations: How much nature do they use? How much nature do they have[R]. United States Agency for International Development.

Folke C, Larsson J, Sweitaer J, 1994. Renewable resource appropriation by cities. Presented at "Down To Earth: Practical Applications of Economics"[C]. San Jose, Costa Rica: Third International Meeting of the Internatuonal Society for Ecological Economics, 24-31.

Rapport D J, 2000. Ecological footprints and ecosystem health: complementary approaches to a sustainable future [J]. Ecological Economics, 32(3): 367-370.

后　记

党的十九大报告全面阐述了加快生态文明体制改革、推进绿色发展、建设美丽中国的战略部署，提出了贯彻新发展理念，建设现代化经济体系的新方略。在此背景下，随着人民生活的改善和人口的集聚，岷江上游生态和资源环境承载压力不断加大，局部地区生态脆弱，灾害多发。岷江上游地区人口、资源和环境的协调发展、流域上下游地区共享发展和全流域绿色发展就是该区域经济社会发展的必然之路。本书是作者本人主持的四川省科技厅重大科技支撑项目《基于生态足迹法构建岷江上游干旱河谷区的生态屏障体系研究》的相关成果总结。岷江上游生态屏障建设以改善西部生态环境、建设长江上游绿色屏障为目标，以严格保护、积极培育、合理开发和综合利用自然资源（包括水土林草等资源）为核心，实施农、林、草、水各部门综合配套的一项系统工程。它既包括林草植被的保护、恢复和建设，也包括水利资源的科学开发与利用（如水电站建设）、生态农业系统的建立和发展，甚至还包括现存环境污染的综合治理与环保产业的发展。其中，林草植被的恢复和建设，是构建长江上游生态屏障最主要的内容和最有效的措施。在本书编写过程中，参考了大量有关中外文献和部分现有研究成果，且已在文中标明，作者诚挚的感谢这些文献的作者。

特别感谢重庆大学建筑城规学院前院长、博士生导师赵万民教授在百忙之中为本书作序，赵万民教授带领的研究团队持续开拓山地人居环境的学科方向和坚持西南山地人居环境建设的应用实践，一直热情关心和支持西南民族大学建筑类、设计类专业的办学历程和学科建设。感谢四川省科技厅和西南民族大学的各位领导和专家对作者的关心和支持，感谢西南民族大学研究生部、科技处、教务处、组织人事部等部门的领导和同仁，感谢他们为本书的出版付出的努力。感谢四川省住房和城乡建设厅、阿坝州部分州级单位、岷江上游五县及阿坝州科学技术院等单位的领导和同志们对本项研究成果的热忱帮助和大力支持。感谢由本人指导的2014届硕士毕业生龙海峰同学为本书出版所做出的努力，特别是在岷江上游干旱河谷区黑水县生态足迹的计算与分析相关章节中所做出的辛勤付出。感谢硕士弟子董晓栋、刘文洁、戴崾、杨进、洪晓洋、杨意志、张力元、申思、尚珈羽、蒲玲、宋春蕾、张萌和马文琼等同学为本书出版所做的不同程度的努力。感谢科学出版社冯铂主任和郑述方编辑的热情支持。

本书为由本人主持的四川省科技厅软科学项目“面向最严格水资源管理制度的岷江上游水资源优化配置和综合利用研究”(2016ZR0235)和“岷江上游流域水资源生态规划模型构建及优化配置对策研究”(2017ZR0126)的阶段性成果。

本书是西南民族大学城市规划与建筑学院的“民族地区城镇规划与管理”硕士点学科建设项目的阶段性成果。

赵　兵

2018 年 5 月